华汇丛书系列

建筑物 BIM
逆向建模技术

U0213334

金 坚 钟振宇 马建勇 罗晓峰 著

北京大学出版社

PEKING UNIVERSITY PRESS

内 容 简 介

本书主要论述了大型实体建筑物 BIM 逆向建模技术，介绍了常见测绘设备的性能与操作，讲解了倾斜摄影和三维激光扫描建模原理，并对外业测绘工作要点进行了系统梳理，阐述了数据到模型的软件操作要点，在此基础上进一步介绍了模型轻量化处理方法，并在最后逐一介绍了三维建模技术的各种应用场景。

本书可供三维实体建模技术人员学习参考，也可作为测绘等相关专业在校生的学习教材。

图书在版编目(CIP)数据

建筑物 BIM 逆向建模技术/金坚等著. —北京：北京大学出版社，2020.12
ISBN 978-7-301-31883-6

Ⅰ.①建… Ⅱ.①金… Ⅲ.①模型（建筑）—制作—计算机辅助设计—应用软件 Ⅳ.①TU205-39

中国版本图书馆 CIP 数据核字（2020）第 234651 号

书　　　名	建筑物 BIM 逆向建模技术	
	JIANZHUWU BIM NIXIANG JIANMO JISHU	
著作责任者	金　坚　钟振宇　马建勇　罗晓峰　著	
策 划 编 辑	杨星璐	
责 任 编 辑	伍大维	
标 准 书 号	ISBN 978-7-301-31883-6	
出 版 发 行	北京大学出版社	
地　　　址	北京市海淀区成府路 205 号　　100871	
网　　　址	http://www.pup.cn　新浪微博：@北京大学出版社	
电 子 信 箱	pup_6@163.com	
电　　　话	邮购部 010-62752015　发行部 010-62750672　编辑部 010-62750667	
印 刷 者	北京宏伟双华印刷有限公司	
经 销 者	新华书店	
	720 毫米×1020 毫米　16 开本　16 印张　198 千字	
	2020 年 12 月第 1 版　2020 年 12 月第 1 次印刷	
定　　　价	98.00 元	

本书编写委员会

（按姓氏拼音排名）

前 言

随着信息技术的发展，数字化产品越来越成为社会上价值高、需求量大的重要资源。将现实世界中的房屋、桥梁、道路、水坝，甚至整个城镇、森林进行数字化数据采集、整理、储存，并作为一种数字产品出售，已经成为经济发展的一个趋势。

大型实体数字化工作的开发依赖于测绘手段及其设备的发展。目前，随着三维激光扫描仪和无人机倾斜摄影技术的逐渐普及，数据处理技术和各种三维软件也得到了充分发展，这为大型实体信息采集和数字化加工提供了可能。

从 2018 年起，浙江工业职业技术学院和华汇工程设计集团股份有限公司在共同合作的过程中，就产生了对大型实体建筑物扫描建模技术进行系统研究的想法。这种想法基于两个工作目标：一是对于方案设计中原场地、原建筑展示的需要，原生场景更加能够凸显设计作品的真实表现力；二是出于对古建筑、大型文物保护的初心，希望用新技术对一些在城市改造中面临拆除危险的文化遗产进行数字化保护，以便在适当的时候为复建提供帮助。

2019 年华汇工程设计集团股份有限公司对此项目进行了课题立项研究。一年多时间里，公司通过资料查找、设备使用及各种软件搭接使用，实施了一些实际项目，并整理归纳了对大型实体建筑物进行数据采集的技术要点和工作流程。

为了让广大读者获得此项技术相关的知识，自 2019 年以来我们系统地开展了以下内容的研究，具体包括相关仪器的使用、外业流程、数据处理、后期建模、场景应用等。

本书由课题组成员共同参与撰写或提供资料，华汇工程设计集团股份有限公司的主要参与人员有金坚高级工程师、马建勇高级工程师、曹叶成高级工程师、侯海峰助理工程师、车卓超助理工程师；浙江工业职业技术学院主要参与人员有钟振宇教授、罗晓峰副教授、陈永高副教授、周立强讲师、吴立斌讲师、单奇峰讲师、王月讲师。

　　本书撰写过程中还得到绍兴市历史文化名城保护管理办公室、绍兴市古桥学会、杭州中瑞测绘技术有限公司的支持和帮助，在此一并表示衷心感谢。

　　因学识水平有限，书中不妥之处在所难免，敬请广大读者批评指正。

作　者

2020 年 6 月

目　录

第 *1* 章
BIM 逆向建模概述

■ 自从有了光，这世界就变得丰富多彩了。

1.1 实体建筑数字化工作的意义

建筑物是人类文明的产物，在历史的长河中人类建造了丰富的有历史价值的作品（图 1-1～图 1-4），但是随着时光的流逝，其中有些建筑物因年久失修而损坏，有些则因规划影响而面临被拆除的危险。如何重现和保护这些历史建筑物是摆在我们面前的一个重要课题。

保护文物的一个原则是保存原物，体积小的文物可以在恒温恒湿的室内保存，但是历史建筑物由于体型庞大，只能暴露在现实环境中，因此它们既有遭受风吹、日晒、雨淋等自然界作用导致材料老化直至破坏的可能，也有遭受洪水、地震等自然灾害导致损毁的可能。因此，历史建筑物的保存是一个值得重视的大课题，从历史上看，最好的保存方法是保留建筑物用于重建的图纸。

图 1-1　古希腊帕特农神庙

图 1-2　我国唐代佛光寺

图 1-3　我国隋代赵州桥

图 1-4　古罗马水渠

但并不是每个建筑物都有图纸，现代文明之前的建筑都是工匠们用口口相传的技艺建造的。早在 20 世纪初，我国古建筑研究及保护的先驱梁思成行走千里，通过手绘和简单测量保存了一大批古建筑手稿。因此，大型建筑文物的保护，忠实记录是一个有效的方法。

因忠实记录大型物体乃至山河大地的需要，催生了一门学科，这就是测绘学。测绘学是一门十分古老的学科，它起源于人类对自然界和大型人造物体的描绘，从普通绘画到较为精确的地图，从用尺子丈量到光学仪器的运用，从地面观测到航空测量（图 1-5），从人工绘制到数字化成图，测绘形式、效率和精度发生了翻天覆地的变化。按照现代定义，测绘是指对自然地理要素或者地表人工设施的形状、大小、空间位置及其属性等进行测定、采集并绘制成图。

图 1-5　航空测量

在普通光学仪器的时代，要做到准确记录建筑物有相当大的难度，而且记录数据和纸质图纸数量会非常巨大。随着计算机技术的发展，激光扫描仪等高速精密仪器的出现，历史建筑物的数字化保护成为可能。

数字化保护是综合利用测绘手段，密集记录物体表面点的信息（包括相对空间坐标、色彩数据等），最大限度地保存物体信息，从而为高精度复制提供可能。数字化文物保护在国际上已经有典型案例。2019 年 4 月 15 日，一场大火吞噬了巴黎圣母院（图 1-6）。在紧张围观的人群注视下，巴黎圣母院标志性的尖顶被烧断，坍塌倒下。重建巴黎圣母院绝不是一件容易的事情。但是，与 1860 年被火烧的圆明园相比，巴黎圣母院依然是幸运的。早在 2015 年，艺术历史学家安德鲁·塔隆就曾利用激光扫描技术，非常精确地记录下了这一哥特式大教堂的全貌。这一次精准的激光扫描耗时数年，扫描点囊括了大教堂内外的 50 多个地点，对圣母院内的每一个细节都进行了多次扫描、数据反传，最终收集了超过 10 亿个数据点（图 1-7）。目前，尽管现实中的大教堂已经无法恢复，但被数字化的"巴黎圣母院"仍然精确地留存在人类世界。而通过这一数据的留存，重建巴黎圣母院成为可能，后人也仍然可以一览它曾经的雄伟。

图 1-6　起火的巴黎圣母院

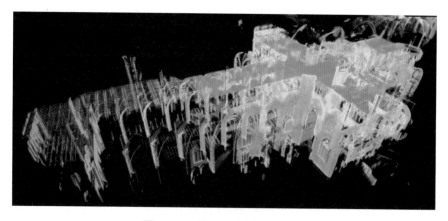

图 1-7　巴黎圣母院扫描模型图

1.2　BIM 技术的应用背景

BIM 是英文 Building Information Modeling 的缩写，意为建筑信息模型，是通过三维建模并建立建筑构件数据库来描述建筑物的全部内容。BIM 是使建筑业信息化并走向智慧建造的最重要一环。

BIM 的产生发展已经有一定的历史。早在 1975 年，BIM 之父查克·伊斯曼教授，借鉴制造业的产品信息模型，利用计算机对建筑物进行智能模拟，这就是 BIM 的起源思想。此后，BIM 逐渐从一种理论思想变成用来解决实际问题的数据化的工具和方法。

我国开始应用 BIM 技术是在 2002 年，起初多是用于管线综合、碰撞检测，建筑方案性能模拟分析等。后来随着 BIM 技术的发展，大家对 BIM 的认识也越来越深刻，并使 BIM 技术的应用拓展到了施工和运维阶段，更注重基于 BIM 的项目协同管理。我国"互联网+"热潮的兴起和行业对绿色建筑、装配式建筑、市政综合管廊、智慧城市的推崇，扩展了 BIM 技术应用的宽度和深度，BIM 的重要性也越发凸显。

近年来，各个国家和地区不断出台政策，使 BIM 技术的发展步入了快车道。BIM 技术的出现，改变了建设工程传统的生产模式，为项目的生产和管理提供了大量的数据信息，并作为大数据载体，在信息管理系统的协助下对企业的运营和项目管理提供有价值的决策依据；同时，也对信息系统的计算能力和存储能力提出了较高的要求。相信随着信息技术的不断发展，BIM 技术终将实现建设工程高效率的增长模式，提升工程建设行业的效益。

BIM 技术从设计到施工再到运行维护是正向操作，而从既有建筑物到数字模型的转化则为逆向建模。本书中我们将对现实实体进行逆向分析、研究并演绎，从而得出该实体的体型、组织结构、材料特性及技术规格等设计要素，再利用 BIM 技术进行细化建模并附加属性，这一过程称为 BIM 逆向建模。

在模具行业，逆向建模是一项传统的技术，由于产品体积都较小，逆向建模相对比较容易。建筑物体积庞大，测绘设备需要从不同角度布置，观察设站受制于地形和方位，其难度就比普通小件物体大很多。

目前，大型建筑物逆向建模外业主要采用两种工具：激光扫描仪（图 1-8）和倾斜摄影无人机。激光扫描仪通过激光往返密集采样，获得物体上大量采样点的坐标值，从而建立起整个物体的模型。对激光扫描获得的点云数据进行加工就是对物体曲面进行拟合，不少学者在曲面拟合上做了大量的工作。目前，不同的扫描仪配备了不同的软件，但均采用最新数学方法来处理数据。

图 1-8　激光扫描仪

　　倾斜摄影是通过航拍获得重合度很高的系列照片，通过照片的像素比对来获取相机坐标，由此建立起物体的三维模型。倾斜摄影技术的发展经历了 3 个阶段：模拟摄影测量阶段、解析摄影测量阶段、数字摄影测量阶段。倾斜摄影是在航空摄影测量的基础上以无人机（图 1-9）为主要工具，结合 GPS 数据，搭载高分辨率多镜头数码相机，获取一系列带有 GPS 信息的高重叠率照片，通过软件建立起三维模型，其精度可以达到厘米级。图 1-10 所示为五镜头倾斜摄影原理示意。此外，建立起来的三维模型可以直观地反映景物外观，以及高程、地理坐标等信息，与原来的航空摄影测量相比大幅度地增加了信息量。

图 1-9　无人机

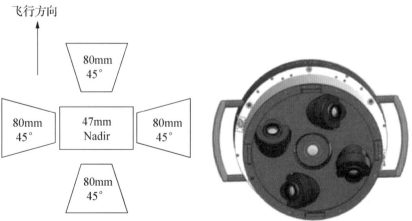

图 1-10　五镜头倾斜摄影原理示意

对建筑物逆向建模而言，激光扫描和倾斜摄影这两种方法各有利弊：激光扫描测量精度高，但只适合于测量地面或其他较低位置静止摆放的物体，一般无法测量屋顶等高处部位；而倾斜摄影由于采用无人机，可以进行高空测量，对物体顶部成像建模比较容易，其缺点是精度相对较低。

利用激光扫描和倾斜摄影各自的优点，我们就能获得大型建筑物内外各面所有点的坐标信息，这为 BIM 逆向建模提供了可能性。本书的主要工作就是通过激光扫描和倾斜摄影这两种方法建立起物体的整体模型，并讲述其中的技术要点和处理方法。

1.3　逆向建模主要工作

与一般的测绘工作一样，逆向建模工作也分为外业和内业两部分。外业就是测绘，即通过 GPS、全站仪、水准仪、激光扫描仪、倾斜摄影无人机等设备进行外业测量，采集原始数据。内业主要是用相关软件将外业采集的数据拼接成为模型，并对模型进行必要的处理。这两项工作都非常重要，外业是基础，内业是成果，外业直接影响内业质量，而内业发现的问题也可以为外业提高工作效率提供帮助。

下面先来讲逆向建模的外业。逆向建模是要完整记录建筑物的所有点的坐标和颜色，整个逆向建模的工作都要围绕这个展开。

外业的第一点是控制点的设置，其目的主要是为激光扫描和倾斜摄影提供拼接坐标系。这些控制点数量与布局和所测对象有关，房屋结构越复杂，房间数量越多，设置的控制点数量就越多；而有些桥梁等构筑物结构相对简单，设置的控制点数量就相对较少。其具体作业方式和要求将在后面章节中再详细叙述。

外业的第二点是扫描仪站数和位置的设定。站数太多会大大延长作业时间，扫描数据量也会非常之大，而给后续软件处理造成麻烦；站数过少则会导致有些面没扫到，影响模型的建立。因此，扫描仪设站的原则是在满足所有面可视的情况下，尽可能减少扫描数据量。这里要说明的一点是，为了保证扫描质量，应尽可能加密站点，对建筑物细微处也要进行观察，防止出现有些面未扫到的情况。

外业的第三点是无人机倾斜摄影。为了拼图准确，一定要设置标靶点。倾斜摄影可以采用普通单镜头无人机，也可以采用多镜头倾斜摄影无人机。前者价格低廉，但飞行时间长，来回次数多；后者是专业设备，价格昂贵，但飞行时间短，操作简单。

内业主要涉及激光扫描仪数据的处理，不同设备厂家采用不同的软件来处理。无论是激光扫描仪的数据还是倾斜摄影的照片，最后都要在实景建模软件（ContextCapture，CC）中处理。CC 原称为 Smart3D，是 Bentley 公司于 2015 年收购的法国 Acute3D 公司的产品，是一款通过扫描、拍摄等手段获取实体数据的应用软件，它能够解决基础设施行业中将实体转变为数字模型的应用需求。但 CC 形成的模型是基于三角面片的模型，其数字体积大，而且由于受到反光等因素影响，模型也存在一定的缺陷，因此内业中还包括模型修正工作。模型修正的工作量很大，而且为了使模型轻量化，必须再次进行半自动甚至手工建模工作。

逆向建模外业和内业的总体工作流程如图 1-11 所示。

三维模型的建立只是前期工作，模型的价值还要在具体应用中得到体现，本书最后一章将会介绍 BIM 逆向建模成果在各个场景的应用。

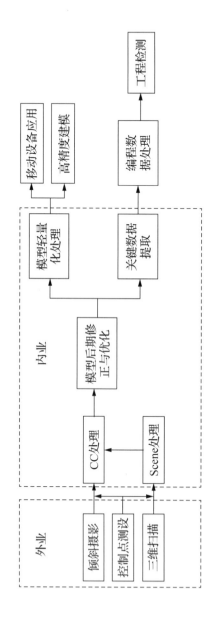

图 1-11 逆向建模外业和内业的总体工作流程

第 2 章
测绘设备介绍

■科学的伟大进步，来源于崭新与大胆的想象力。

2.1 三维激光扫描仪

2.1.1 三维激光扫描仪发展历程

三维激光扫描技术又叫"实景复制技术"，它是一项整合了光、机、电多项先进技术的测量手段，采用地面测量和摄影测量相结合的方法，可以进行无接触的、快速的空间扫描，从而获得测量目标的空间坐标和色彩信息等，其结果以点云数据的形式存储，通过计算机处理后可以清晰地反映物体的点、线、面。不同于传统的三维测量，三维激光扫描打破了仅测定目标点的某个或多个离散三维坐标的传统做法，通过三维激光扫描仪对物体表面进行密集的扫描，可以获取类似有限元的点云数据，且测定结果输出性极强。

测量仪器从光学领域发展到电学领域，随着人们对测量精度的不断追求，高精度全站仪和水准仪被制造出来，此后测量仪器的发展重心从提高精度向提高自动化和操纵使用性过渡，空间数据的测定也趋于形象化。激光是在有理论准备和生产实践迫切需求的背景下应运而生的，这项技术从提出开始就得到了人们的广泛关注。三维激光扫描技术主要分为仪器扫描和数据处理两部分，现从仪器硬件和数据处理技术两方面来阐述该技术的发展状况。

1. 三维激光扫描仪的硬件发展

三维激光最早由国外提出，第一代三维激光产品已经产生并使用了十多年，欧美各国也出现了一些世界著名的三维激光产品生产厂商，如 Leica、FARO、Z+F、RIGEL 和 MENSI 等。经过几十年的发展，从微观、短距离、长距离，到工业汽车模具和手机模型设计，三维激光扫描仪的应用技术越发成熟，测定精度已经达到了微米级。此外，由于理论方法的突破提高了坐标数据获取的便利性和准确性，三维激光扫描技术在大范围及大型建筑的数字、地形扫描工程检测等领域具有广阔的应用前景。国外许多公司已经开发研制了多种类型的三维激光扫描仪和处理软件，包括扫描距离最近（0.8m）的 MENSI 公司的 S25 型三维激光扫描仪，扫描距离最远（6km）的 RIEGL 公司的 LPM-321 型三维激光扫描仪，多数三维激光扫描设备还在内部配置了数字照相机，可以保证同时获得数据点的空间信息和色彩信息。个别如 Leica 公司的 ScanStation2 三维激光扫描仪更具备了全站仪的功能，其功能更加完善。

国内的三维激光扫描技术引进和研究的时间较晚，目前多处于注重微观或短距离测量的阶段，但发展势头迅猛，尤其是国外先进三维激光扫描仪及技术的引进促进了国内很多相关领域的研究发展，在理论上也有了长足的进步，取得了相当的成果。我国第一台小型三维激光扫描仪是由高校与企业合作研制的产品。为促进我国三维激光扫描技术的发展，国家"863"重大项目通过了清华大学的"三维激光扫描仪国产化战略"，并成功获得了自主研发的扫描仪，积累了大量的经验。北京大学视觉与听觉信息处理国家重点实验室的三维视觉计算与机器人小组在三维激光扫描技术领域也进行了大量研究。他们利用 Harris 兴趣点采集设备获取兴趣点的基本边缘特征，结合 Laplace 公式对不同尺度下的 Harris 兴趣点进行计算，得到了一种由多种图像特征相结合的目标物体识别方法。从第一台三维激光扫描仪问世以来，各个国家的测绘及工程学者不断进行开发和实践，使得该技术更为完善，并在扫描速度、测量距离、工作效率和数据处理等方面取得了巨大的进步，具体如下。

（1）扫描距离从十几米向几百米延伸，个别新开发的仪器可以达到上千米。

（2）扫描速度从每秒几十点提升到每秒百万点。

（3）扫描仪和摄影仪器一体化结合，可以同时获取空间数据和色彩信息。

（4）扫描精度大幅度提升，工程测量的精度达 1mm，精密工业的精度达 $1\mu m$。

（5）操作界面简单化、人性化，推出了英语之外其他语言的操作系统。

（6）仪器的生产制作水平更高，工业级三维激光扫描仪的开发为各种低温、高温、潮湿环境的测量提供了可能。

（7）成熟的生产工艺和高性能材料的开发使得仪器的成本降低，在保证使用精度的前提下，更多的科研单位、企业得以研究和应用。

2. 三维激光扫描仪的数据处理历程

目前，三维激光扫描技术的硬件设施在扫描距离、速度和测量精度等方面已经非常完善，但是三维激光扫描技术不仅需要过硬的硬件设备，还需要与之相关的数据处理方法和软件处理平台，才能更好地将三维激光扫描仪获得的数据进行准确应用。

20 世纪末，加拿大国家研究委员会率先采用普通三维激光扫描仪和摄像机共同组合安装在车辆上，形成了最早的数据采集系统。随后美国国家航空航天局在此技术上进行了加工完善，并成功地应用到工业加工领域。Stamos 和 Allen 等分别对三维激光扫描技术的数字模型移动编辑能力和空间数据的信息化功能进行了完善，形成了如今的三维激光扫描技术的模型。

Baltsavias 从传感器、使用平台、数据采集条件、成像质量、目标反射状况、自动化、准确性、灵活性、成本和耗时等方面综合比较了摄影测量和激光扫描技术，着重探究了二者在数字地面模型（Digital Terrain Model，DTM）和数字表面模型（Digital Surface Model，DSM）上的应用，并阐述了激光扫描技术在其他领域的应用优势。除此之外，Baltsavias 还给出了机载激光扫描技术的测距原理和影响信号接收量的基本公式，并探讨了航拍机姿势、扫描器、测距和位置等对 3D 建模坐标的影响，加深了人们对机载激光扫描技术测量的理解。Sampath 和 Shan 对机载雷达点云的屋顶多角度扫描图片进行了分割和重建。

加拿大卡尔加里大学的 Hu 开发了一种集合算法，能自动从雷达数据中提取有用的映像信息。此算法已经被不同区域类型、覆盖率和点密度的对象测试试验验证，并通过自主研制的"雷达专家"工具包实现其自动提取功能。

Nardinocchi 等提出了对激光扫描数据分类、过滤的处理手段，该方法先对原始测定数据进行网格内插、拼接处理，然后依据数据的尺寸和破裂区域，将声音、植被数据进行分类，之后对封闭的地形建筑点域进行标注，并用于相邻区域关系分析，最后经过网格数据的类型特征检查后，逐个对网格数据进行原始数据点的分类。

Axelsson 采用松散的不规则三角网模型构建三维激光扫描数据的数字高程模型（Digital Elevation Model，DEM），所构建的 DEM 模型的平均误差很容易控制在 5cm 以内。

Woo 等提出了一种新的点云数据分割方法，他们基于八叉树 3D 网格建立法来解决大量的无序数据点，该方法可以在考虑切割部分几何形状的同时拾取边界点，且被证明可以很好地应用于二次曲面模型中。

Sithole 为了克服传统的斜坡过滤算法不适用于缓坡区域的缺点，对当下存在的基于斜坡的过滤算法进行了一定程度的修改，结果表明修改后的过滤算法不仅可以减小第一类误差，而且可以最大限度地减少第二类误差的产生。激光高程测量已经是大面积高程测绘的主要手段，但在原始数据中获得 DEM 的提取算法经常会产生问题、造成误差，尤其是如何区分地面激光反射和植被、建筑物激光反射。Vosselman 提出了一种新的数据过滤方法，该方法与数学灰度形态中的腐蚀算子相关，并且可以衍生出重要的区域特征和最小分类误差，但此过滤手段不适用于大密度数据点处理。

武汉大学李必军等基于车载激光扫描系统的研究，提出了一种直接在摄影影像中提取目标物体三维特征的新方法，该方法通过提取目标物体的边界特征点进而构建线、面模型。研究表明，此方法可以构建出目标物体的大体轮廓和总体结构特征，但对于细部纹理特征等要素的获取还无法实现。

2.1.2　三维激光扫描仪的分类及工作原理

1. 三维激光扫描仪的分类

（1）机载三维激光扫描仪。

机载三维激光扫描仪的测距通常大于 1km，其主要安装在飞行器上，用于对地面信息进行勘测，该类型扫描仪包含激光扫描系统、实时 GPS 定位系统、摄影系统和飞行器的惯性导航系统等。

（2）地面三维激光扫描仪。

地面三维激光扫描仪又分为车载移动式和固定式。二者最大的区别在于车载移动式多设置于车辆上，用于地形勘察、园区扫描等，在结构上车载移动式包含 GPS 定位系统和电荷耦合器件（Charge-Coupled Device，CCD）相机，这是固定式所不具备的。CCD 是一种半导体，可以将光信号转化为电信号，其作用和胶片一样。目前 CCD 相机已被广泛应用。

（3）手持三维激光扫描仪。

手持三维激光扫描仪作为一种新型的、便携式的测距仪，可以短时间内迅速得到扫描物的三维信息，有助于实际工程中粗精度的信息反馈等。

2. 三维激光扫描仪的测距原理

因地面三维激光扫描仪的使用最为普遍，本节主要介绍地面三维激光扫描仪的测距原理。根据测距原理的不同，地面三维激光扫描系统可以分为脉冲法、干涉相位法和激光三角法 3 种类型。脉冲法测距远、精度低，而干涉相位法和激光三角法适用于精度高的近距离测量，3 种激光扫描系统的测距原理分别基于时间、相位和三角测量。

（1）脉冲法测距。

脉冲法测距可以实现远距离测量时间和距离，最远距离可达数千米，但测量精度会略有下降，其工作平台主要由脉冲信号的发射器、接收器、计时器和内部信号处理器等组成。扫描仪在内部信号处理器的控制下发出脉冲激光，在目标测物表面反射并重新被仪器以电信号的形式存储，借助回波器对信号进行处理，计时器精确获得脉冲激光从发出到接收的时间，内部软件则计算出目标测物到仪器的距离并实现建模。如今，市场上主流的地面三维激光扫描仪的测距原理多为脉冲法测距，如 RIEGL 公司的 VZ1000/4000 系列、广州思拓力测绘科技有限公司的 X300 等。

（2）干涉相位法测距。

干涉相位法测距是通过不间断地发射激光，依据光学原理中波的相互干涉确定相位差，进而获得仪器到目标测物的距离。该法通常应用到中距离工程测绘中，精度可达到毫米级，不逊于传统的地面测绘技术。其中 Z+F 公司的 IMAGER 和 PROFILER 系列 20m 内精度达 0.2mm，FARO 公司的 Photon120 具有 97 万点/秒的扫描速率，快速、方便且小巧便携。

（3）激光三角法测距。

激光三角法测距适用于高精度的工业测量和加工制造等，该法通过仪器内部的发射器、目标测物和接收器形成一个三角形，在已知激光发射器和接收器之间，通过对入射角和反射角的精确测定，实现距离的测量。该法基于三角测量原理，严格控制了距离参量，以容易准确测定的角度为变量实现了高精度的距离测定。通常激光三角法的测距精度可达到亚毫米级，最佳测距也小于 10m。

2.1.3　FRAO Laser Scanner 扫描仪简介

1. 主要特点

FARO Laser Scanner（图 2-1）是一款高速三维激光扫描仪，适用于详细的测量和文件记录。FARO Laser Scanner 采用激光技术，能够在几分钟内将复杂的环境和几何图形制作成细节丰富的三维图像。设备所产生的图像由数百万个 3D 测量点组成。其主要特点如下。

（1）多模型化处理。

（2）高精度。

（3）高分辨率。

（4）高速。可通过内置触摸屏显示器进行直观控制。

（5）尺寸小、质量轻，集成了快速充电电池，从而带来了高移动性。

（6）高动态范围（High Dynamic Range，HDR）成像。将采用不同曝光设置拍摄的多个图像合成一个图像，该图像具有更高的动态范围。

（7）逼真的三维彩色扫描，通过集成的彩色照相机进行。

（8）集成双轴补偿器，用于自动校平捕获的扫描数据。

（9）集成 GPS 传感器，用于确定扫描仪的位置。

（10）集成罗盘和高度计，用于为扫描提供方向和高度信息。

（11）WLAN，用于远程控制扫描仪。

2. 工作原理

FARO Laser Scanner 的工作原理是将红外线激光束射到旋转光学镜的中心。该光学镜会使激光光束在围绕扫描环境垂直旋转的方向上产生激光偏差（图 2-2），之后再将周围对象的散射光反射回扫描仪。

图 2-1　FARO Laser Scanner

图 2-2　激光偏差

在测量距离时，FARO Laser Scanner 采用相位偏移技术。在该技术中，从扫描仪中持续地向外发射不同波长的红外线，当红外线接触到对象后，会反射回扫描仪。通过测量红外线光波的相位偏移，即可准确判断扫描仪到对象的距离。借助特殊的调制技术可大幅度提高调制信号的信噪比。之后通过角度编码器测量 FARO Laser Scanner 的镜像旋转和水平旋转（图 2-3），计算各点的 x、y、z 坐标，同时使用距离测量对这些角度进行编码。扫描仪可覆盖 300°×360° 的视野。

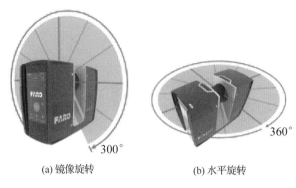

(a) 镜像旋转　　　　　　　(b) 水平旋转

图 2-3　扫描仪镜像旋转和水平旋转

此外，FARO Laser Scanner 还可以通过测量接收到的激光光束的强度确定对象表面的反射性。一般而言，浅色表面反射的发射光部分比深色表面的更多。该反射性用于向各个点分配一个对应值。单点测量重复执行，每秒最多可执行 976000 次，结果可以获得一个点云，即扫描仪环境的一个三维数据组。根据选定的分辨率（每次旋转获取的点），每个点云可以由数百万个扫描点组成。激光扫描记录到可移动 SD 卡上，可以方便安全地传输到 SCENE（FARO 的点云操作软件）中。

3. 部分零件功能介绍

（1）显示器。

① 电源开关按钮如图 2-4 中①所示，按此按钮可打开 FARO Laser Scanner 的电源。如果扫描仪电源已打开并正在运行，则按此按钮可关闭电源。按住此按钮超过 3s 会在不关机的情况下关闭 FARO Laser Scanner，但只能在异常情况下使用此选项，如当关机机制无法正常工作或 FARO Laser Scanner 无响应时。

② 触摸屏显示器如图 2-4 中②所示。

③ 电器接口 1 如图 2-4 中③所示。

④ 电器接口 2 如图 2-4 中④所示。

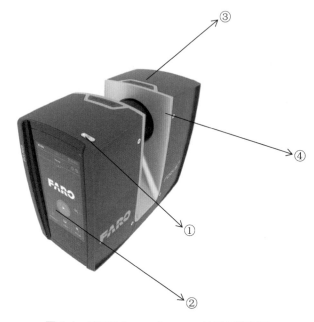

图 2-4 FARO Laser Scanner 的显示器侧面

（2）电池。

电池侧面如图 2-5 所示。图中，①是电池仓盖；②是用于插接外部电源的插座；③是用于显示电池状态的 LED；④是 SD 卡槽。

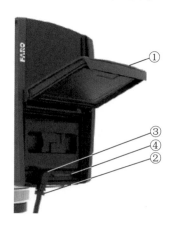

图 2-5 电池侧面

（3）底座。

底座如图 2-6 所示。图中①是 3/8 英寸（1 英寸=25.4 毫米）螺纹，用于将扫描仪安装到标准摄影三脚架上；②是 M5 螺纹，用于将扫描仪安装到客户特有的固定装置上；③是自动化应用的接口护盖，取下后可操作 FARO Laser Scanner 的自动化接口，如果不需要或不使用自动化接口，可盖上接口护盖；④是类型标签；⑤是冷却风扇通风口，注意不要遮住通风口，以确保扫描仪能正常冷却；⑥是电池舱盖释放机构。

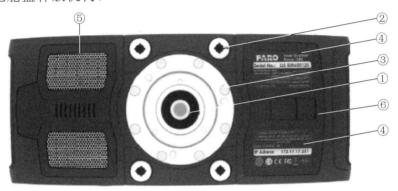

图 2-6　底座

4．电池充电方法

Power Block 电池可以使用 FARO Laser Scanner 或 FARO Power Dock 电池充电器充电。

（1）使用 FARO Laser Scanner 给电池充电。

① 打开扫描仪的电池舱盖。

② 翻转电池，使其类型标签朝上，使电池触点指向扫描仪（图 2-7），直接推入电池，并将其向下滑动到电池舱中，直至固定件锁定到位。

③ 将电源单元的线缆连接到 FARO Laser Scanner 的电源插口（图 2-8）。如果按错误的方向强行插入插头，可能会损坏插头和 FARO Laser Scanner。

图 2-7　装有电池的
FARO Laser Scanner

图 2-8　电源已连接到
FARO Laser Scanner

④ 将 AC 电源线连接到电源单元和电源插座。在连接前，查看类型标签上的输入电压。

⑤ 如果 FARO Laser Scanner 处于关闭状态，则扫描仪的 LED 会在充电时开始呈蓝色闪烁。当电池充满电后，LED 会停止闪烁并呈蓝色常亮。

⑥ 如果 FARO Laser Scanner 处于打开状态，在扫描仪用户界面中的首页 > 管理 > 常规设置 > 电源管理下检查电池的准确充电状态。

⑦ 充电完成后，拔出电源单元的线缆并合上电池舱盖。

（2）使用 Power Dock 电池充电器给电池充电。

① 将电源线连接到 Power Dock 电池充电器的电源插口，如图 2-9 所示。如果按错误的方向强行插入插头，可能会损坏插头和 Power Dock 电池充电器。

② 将 AC 电源线连接到电源单元和电源插座上。在连接前，查看类型标签上的输入电压。

③ 当电源正确连接时，Power Dock 电池充电器的 LED 呈蓝色常亮。

④ 将电池放在 Power Dock 电池充电器上面（图 2-10）。确保电池端子正确对准充电器引脚，将电池卡接到位。

图 2-9　连接了电源线的 Power Dock　　　图 2-10　电池放在 Power Dock
　　　　电池充电器　　　　　　　　　　　　　　电池充电器上

2.1.4　FRAO Focus S350 扫描仪安装介绍

1. 仪器安装

仪器安装由两个主要部分构成：放在三脚架平台上的底板（图 2-11
中①）及要固定到扫描仪下面的安装板（图 2-11 中②）。

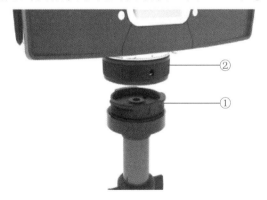

图 2-11　设备和三脚架连接

2. 存储设备 SD 卡安装

插入扫描前准备的 SD 卡，FARO Laser Scanner 会将记录的扫描
数据存储到可移动的 SD 卡上。此 SD 卡还可以用于创建扫描仪设置

的备份数据，导入扫描仪设置及安装升级。在执行扫描项目之前，可以使用 SCENE 软件来设置 SD 卡，设置内容包括项目相关信息和设置（如项目结构、扫描配置文件或扫描仪操作员）。这些设置随后可以传输给扫描仪。可以使用 SD 卡、SDHC 卡或 SDXC 卡存储。建议使用 4GB 或更大容量的存储卡，但最大不超过 64GB。

可通过 Windows 系统将 SD 卡和 SDHC 卡格式化，但容量超过 32GB 的 SDXC 卡无法使用 Windows 格式化功能进行格式化，因为 Windows 会在自有文件系统中格式化这些卡。由于扫描仪不支持 Windows 文件系统，因此可以使用一些免费软件代替 Windows 格式化这些卡，如 FAT32 等，但是建议使用扫描仪的格式化功能。SD 卡的文件结构如图 2-12 所示。

Name ▲	Size	Type
Backup		File Folder
Logfile		File Folder
Preview		File Folder
Projects		File Folder
Scans		File Folder
Updates		File Folder
FARO-LS	0 KB	File

图 2-12　SD 卡的文件结构

（1）Backup（备份）：扫描仪备份会保存到此文件夹中。在启动备份后，扫描仪会立即自动创建备份文件夹。

（2）Logfile（日志文件）：从扫描仪导出日志文件时，该文件会保存到此文件夹中。

（3）Preview（预览）：捕获的扫描预览图片会保存到此文件夹中。在启动扫描后，扫描仪会立即自动创建此文件夹。

（4）Projects（项目）：扫描项目信息会保存到此文件夹中。此文件夹将由扫描仪自动创建。

（5）Scans（扫描）：捕获的扫描会保存到此文件夹中。在启动扫描后，扫描仪会立即自动创建扫描文件夹。

（6）Updates（更新）：固件更新会复制到此文件夹中。此文件夹必须手动创建。

（7）FARO-LS：签名文件，用于将 SD 卡识别为 FARO Laser Scanner 的存储卡。在启动扫描后，扫描仪会立即自动创建此文件夹。

2.1.5　三维激光扫描技术与全站仪测量技术的区别

1. 观测要求不同

三维激光扫描仪对光线没有特殊要求，不管是白天还是晚上，只要能够供电就可以进行测量。相比之下，全站仪在进行测量时因为需要棱镜的辅助，则需要在白天或者照明条件良好的条件下才能进行测量。

2. 获取目标测物方式不同

三维激光扫描仪不需要瞄准目标测物，而是一键式扫描，即采用连续测量的方式进行区域范围内的面数据获取；全站仪则必须通过瞄准目标来获取单点的位置信息。

3. 获取的数据量不同

全站仪只能获取目标测物有限点的信息，而三维激光扫描仪可以快速密集地采集目标测物的海量数据，一般都能采集几亿甚至几十亿、几百亿个点。

4. 测量精度不同

三维激光扫描仪与全站仪都有毫米级的单点定位精度，目前有些三维激光扫描仪的精度已经超过全站仪的精度。

2.1.6　三维激光扫描技术在建筑工程中的应用

传统的变形监测方法主要是通过全站仪和水准仪等传统地面测量仪器实现，且已形成较为成熟的技术流程，随着 GPS、遥感和三维激光扫描等技术的发展，新型测量技术以其速度快、自动化程度高、效率出色的特点迅速引起了人们的关注和广泛应用，尤其是三维激光扫描技术已经在工业建模、灾后重建、变形监测等领域展现了广阔的应用前景。

美国斯坦福大学和华盛顿大学的学生在 1998—1999 学年对意大利米开朗琪罗的雕塑建筑进行了三维激光扫描和建模。

Kraus 和 Pfeifer（1998）阐述了机载三维扫描技术在树林区域的测定应用，介绍了如何通过数值差值和过滤来处理扫描过程中所带来的倾斜误差。

Pagounis 等（2006）采用地面三维激光扫描技术对道路安全设计和事故进行重建分析，与传统地面测量相比误差在 2cm 之内，并详细地探究了道路规格、路面材料、附属设施和道路环境对道路事故的相关性分析，阐述了该技术应用于道路安全设计中的优势、劣势及使用事项。

英国诺丁汉大学的 Roberts 等（2007）采用 Leica HDS 3000 三维激光扫描仪，分别对固定和移动的目标点进行大、小竖向位移的测定试验。试验表明，在近距离（3~35m）扫描下，三维激光扫描仪精度可达到毫米级，且可以对整个结构变形进行测定，大大提高了工作效率。该技术可以广泛应用于水泥混凝土梁的变形监测和其他建筑材料的变形控制。

Lovell 等（2003）采用机载和地面三维激光扫描技术对澳大利亚的 Bago 和 Maragle 森林树冠的生长模式及生态评估进行预测，收集到的数据除了标准的森林调查指标外还包括光学样点等。研究表明，当前激光测距系统可以用来获取树冠结构参数（如高度、覆盖度和叶轮廓），但要提供基于多次反射的信息或利用反射强度使偏差最小化，同时提出该技术的进一步发展需要在硬件和数据处理系统上做出突破。

在我国，Wong 等（2007）采用三维激光扫描技术和 GPS 技术对香港地区的边坡进行变形监测，相较于 GPS 技术，三维激光扫描技术可以更快地实现边坡的扫描和变形监测，尤其是当边坡处于极限平衡状态时，可以准确快速地记录冲刷和裂缝的位移及规模，且精度可靠。

北京建筑工程学院（现北京建筑大学）罗德安等（2005）阐述了三维激光扫描技术的工作原理和误差来源，总结了该技术应用于变形监测的可行性、技术要点和操作流程等。

王勋（2015）采用 Leica MS50 三维激光扫描仪对三种模态下的桥面变形进行扫描，并采用 Geomagic Qualify 进行了数据比对，但由于所使用三维激光扫描仪的精度限制，试验仅对于跨径大、变形在 3mm 以上的桥梁结构有效。

张舒等（2008）对三维激光扫描技术在地表沉陷监测中的应用进行了研究，通过设置好的固定测点，对开挖地表的水平位移和竖向位移进行测定，结果表明三维激光扫描技术在盆地凹陷的监测应用中精度可达到毫米级，且在选择合适的采样点间隔和深度时，可以获取地表的水平移动系数。

唐均（2016）在三维激光扫描分类基础上，通过设置传统测量法对比试验组，详尽地讨论了该技术应用于桥梁结构变形监测中的注意事项及应用效果。

李伟等（2011）对三维激光扫描技术在道路平整度中的应用进行了可行性研究。

为加强桥梁施工阶段的质量管理，田云峰和祝连波（2014）采用三维激光扫描仪和 BIM 模型相结合，加强了施工管理阶段的可视化和信息化，改善了传统管理效率低下的问题。

综上所述，三维激光扫描仪的输出结果具有极大的可处理性，其点云数据形式可与多种软件实现无缝连接；三维激光扫描技术在测绘工程中具有独特的优势，尤其是在森林测绘、道路勘测和变形监测等领域已经广泛应用，然而由于这项技术的使用规范并不十分成熟，因此限制了其在某些领域如桥梁变形监测中的应用，还需要工程技术人员进一步的研究和开发。

2.2 无人机倾斜摄影

进入 21 世纪，计算机、通信、自动化等领域的多项技术都在飞速发展，深刻地改变了我们的生活，也为工业生产、测量提供了新思路，让以前棘手的问题得以解决。而其中，无人机倾斜摄影测量技术在测量领域占据越来越重要的地位。通过在无人机上配备多个传感器，可以在同一个飞行平台上同时捕捉图像，从而真实地获取地图信息，并广泛用于多种环境下的设施建设、勘察，在各个领域充分发挥其优势。

2.2.1 无人机发展历程

无人机最早问世于 1917 年，当时是为满足军事方面的需求而开发的。随着现代数字化技术的发展，各种小型的、精度高的、体积小的遥感传感器不断被研发出来，而无人机系统的各种性能也随之不断完善，朝着质量轻、体积小、精度高的方向发展，应用范围及领域也在不断扩展。全球军用无人机生产商排名前两位的分别是诺斯洛普·格鲁门公司和洛克希德·马丁公司，全球民用无人机生产商排名前两位的分别是深圳市大疆创新科技有限公司和 GoPro 公司。

美国《航空周刊与空间技术》刊登的报告称，自 2014 年算起，到未来十年内，全球范围内的无人机市场规模将会达到 673 亿美元，其中 42.6% 将用于无人机的研发和设计，52.8% 将用于无人机的生产行业，4.6% 将用于无人机的维护与修复。2003 年，美国国家航空航天局新成立了一个无人机应用中心，专门开展无人机的各种民用研究，它同美国国家海洋与大气管理局合作利用无人机进行天气预报、地球变暖和冰川消融等科学研究。2007 年，美国加利福尼亚州森林大火肆虐时，美国国家航空航天局使用"伊哈纳（Ikhana）"无人机进行了大火的严重程度评估及灾害的损失估算。欧盟 2006 年就制定了"民用无人机发展路线图"计划，2015 年投入 2.7 亿欧元资金，用于完善该计划。最近几年，我国无人机生产技术发展迅猛，除了能生产军用无人机外，民用无人机的生产也逐渐在市场上占据很大份额。目前市面上民用无人机主要有多旋翼无人机和固定翼无人机两种。无人机质量的评定主要通过续航能力和稳定性两项指标来衡量。

2.2.2　无人机飞行及倾斜摄影测量原理

所有飞机的飞行原理都可以追溯到第一架飞机的诞生（1903 年 12 月 17 日）。莱特兄弟制造的第一架飞机"飞行者 1 号"在美国北卡罗来纳州试飞成功，印证了旋翼可以实现人们对天空的向往。竹蜻蜓便是最简单的旋翼系统，手的搓动给了竹蜻蜓一个旋转的初速度后，就会产生上升力，让竹蜻蜓起飞，但飞机的旋翼系统要复杂得多。根据牛顿第三定律：相互作用的两个物体之间的作用力和反作用力总是大小相等、方向相反、作用在同一条直线上。当发动机通过旋转轴带动旋翼旋转时，旋翼会给空气以作用力矩（或称扭矩），空气必然在同一时间以大小相等、方向相反的反作用力矩（或称反扭矩）作用于旋翼，这一反扭矩会使机身和旋翼向反方向高速旋转，如果不能抵消旋翼所造成的反扭矩，飞机将无法起飞，这就是直升机机尾处设有螺旋桨的用意。机尾处的螺旋桨可以在水平方向上给机身施加一个横向作用力，用来抵消主旋翼产生的反扭矩，也可以通过改变作用力大小来调整直升机水平头部指向。

市面上多数无人机为 4 轴、6 轴和 8 轴（旋翼）无人机。几轴对应着有几个装有旋翼的电机，但电机数必须为双数倍，单数倍电机无法抵消旋翼所造成的反扭矩。以最常见的四旋翼无人机举例，在 4 个螺旋桨当中，相邻的 2 个螺旋桨的旋转方向相反，对角的 2 个螺旋桨的旋转方向相同。如图 2-13 所示，电机 1（M1）与电机 3（M3）为逆时针旋转，产生的反扭矩为顺时针方向；电机 2（M2）与电机 4（M4）为顺时针旋转，产生的反扭矩为逆时针方向。当顺时针方向的作用力与逆时针方向的作用力大小相等时，无人机即可保持水平方向稳定，同时增加或减少 4 个电机的输出功率，即可实现无人机的上升和下降。之所以同时增加或减少 4 个电机的输出功率，是因为旋翼的反作用力必须同时作用且转速相同，每一个电机产生的升力必须相等才可以保持飞机稳定起降。当逆时针方向的反扭矩与顺时针方向的反扭矩大小相等时，无人机不会发生旋转；当顺时针方向的反扭矩大于逆时针方向的反扭矩时，无人机将会顺时针旋转；当逆时针方向的反扭矩大于顺时针方向的反扭矩时，无人机则会逆时针旋转。这样既可控制无人机的机头指向，也可完成其水平方向的转向。

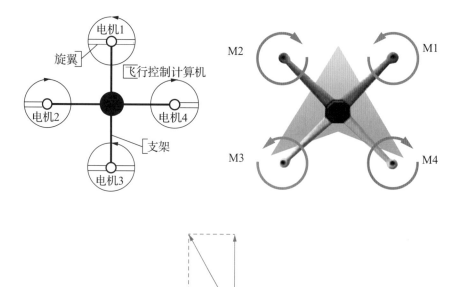

图 2-13   无人机飞行及受力示意

无人机倾斜摄影技术的优点在于在同一平台上搭载了多个影像采集传感器，可以同时从不同角度（如侧视和俯视）来捕获图像，突破了传统航空摄影倾斜角度的限制。无人机倾斜摄影测量技术通过倾斜的 4 个方向加竖直方向的观测来提供真实的图像，可以从多个角度获取高分辨率的图像信息，并可自动生成三维数字模型，因此被广泛应用于城市管理、数字城市建设等方面。同时，利用微型无人机灵活、快速飞行的特点，可以实现低成本、高效率获取地面完整信息的功能。与传统的垂直航空图像相比，观测者执行绘图任务时不再需要佩戴立体眼镜。

2.2.3　无人机的分类

无人机可以按以下分类方式进行划分。

1. 按动力源划分

根据动力源的不同，无人机可以分为油动无人机和电动无人机。油动无人机，即采用油气作为驱动；电动无人机，即采用电池（锂电池）作为驱动。两种无人机各有优缺点：油动无人机的优点是续航时间较长，其缺点是在安全问题上存在隐患，一旦发生坠机，很容易引发火灾；而电动无人机的优点是安全性较高，其缺点是续航能力差，工作时间短。

2. 按外形结构划分

根据外形结构的不同，无人机可以分为多旋翼无人机、固定翼无人机和无人直升机。多旋翼无人机，即靠螺旋桨来获得动力。按照螺旋桨数量，多旋翼无人机又可细分为四旋翼无人机、六旋翼无人机和八旋翼无人机等。通常情况下，螺旋桨的数量越多，飞行就会越平稳，操作也就更容易。多旋翼无人机以其操作简单、拍摄稳定、对场地要求低等特点受到大众的青睐。图 2-14 所示为六旋翼无人机。

图 2-14　六旋翼无人机

3. 按用途划分

根据用途的不同，无人机又可以分为军用无人机、专业无人机和民用无人机。军用无人机，即能够参与到战争中，并能够提供有利信息的高科技武器，其在各方面都需要更高的要求及更好的装备；专业无人机，即满足各个行业中的专业需求的无人机，要求无人机具有续航能力强、拍摄精度高、容量大等特点；民用无人机，即最大众的一款无人机，这类无人机一般是旋翼机，体积小，在续航能力及拍摄精度方面条件一般，主要用于娱乐和航拍。

2.2.4　飞行时的注意事项及常见问题处理

1. 飞行时的注意事项

（1）电机。

① 飞行前必须检查电机上面是否有异物。

② 启动电机时听电机旋转是否有尖锐的响声。

③ 飞行后检查电机的热度是否正常（如果手指放上去稍有温度，则电机热量正常；相反，如果烫手，应马上停止飞行，待电机温度降至常温后方可继续飞行）。

④ 需经常检查电机与电机座的连接点是否牢固。

（2）动力电池。

① 注意保持电池放置环境干燥、干净、不拥挤，建议保留 0.5～0.8m 的间距。

② 储存电池的仓库中应配有消防沙、石棉毯、石棉手套、坩埚钳、口罩。

③ 电芯储存温度必须在-10～45℃的范围内；长期储存电池（超过3个月）须置于温度为(23±5)℃、相对湿度为(65±20)%的环境中。

④ 保证半个月内进行一次充放电激活，以保持电池的稳定性，单片电芯的最佳存储电能的电压为3.85V。

⑤ 每片电芯的电位差在20mV以内；使用中的电池组电芯电位差范围在100mV以内；动力电池的额定电压是44.4V（刚充电后会高于此值），当地面站显示动力电池电压低于44V时，应立即返航。

⑥ 当电池的电压低于43.2V时，过度放电风险会加大，切勿继续使用，否则会影响电池的使用寿命及飞行安全。

⑦ 放电时温度范围应在-20～+60℃。

⑧ 存在鼓胀、变形、泄漏或电压差不小于100mV现象的电池不可进行放电。

⑨ 大电流放电后电池表面温度不应高于80℃。

⑩ 开始飞行时，一定要先开遥控器再连通无人机的电池，结束时一定要先断无人机的电池再关遥控器，防止无人机失控乱飞。

⑪ 电池使用时应注意轻拿轻放，充电时快充不超过10A，慢充补电不超过2A，直接插拔时注意将电池插头水平对齐，切勿直接拉线拔扯。

⑫ 运输中的电池需做好填充、防撞等措施，避免电池受到剧烈碰撞或振动。

⑬ 若发现电芯有任何异常，如电芯塑料封边损坏、外壳破损、闻到电解液气味、电解液泄漏等，该电芯不得使用；有电解液泄漏或散发电解液气味的电池应远离火源，以免发生危险。

⑭ 电池有电芯或铝片破裂、鼓包导致装不上电池仓、变形、电压输入输出异常等情况的视为报废电池，同时应进行环保处理，不应随意丢弃。

（3）遥控器。

① 开始飞行时一定要先开遥控器，再连接无人机的电池。

② 结束时一定要先断无人机的电池，再关遥控器，防止无人机失控。

③ 要保持遥控器的电量充足，在用遥控器控制飞行时，无人机与遥控器之间的直线距离建议不超过 1000m。

（4）遥控器失联的处理。

① 第一种情况：如果无人机飞远并且遥控器失去信号，有可能是接收器与发射器处于垂直状态，所以需要适当调整遥控器位置，从而确保发射器与接收器处于平行状态（发射器跟接收器平行时遥控效果最佳）。此时接收信号的概率会大大增加，失去信号的概率会相应减小。

② 第二种情况：无人机被障碍物遮挡时，遥控器无法接收到信号，所以要避免障碍物将无人机与遥控器隔开。

（5）飞行控制系统。

① 飞行控制系统一定要防水、防火、防摔。

② GPS 天线杆紧固，切勿用力摇动天线杆。

③ 禁止自行随意拆卸飞行控制系统。

（6）机架。

① 仔细检查每个螺钉、螺母是否拧紧，是否有松动现象。

② 检查重要部位（如机臂、中心板、螺旋桨、电机座等）是否有裂痕。

③ 检查各机臂的连接部位是否出现松动或晃动现象；展开和收起机臂及桨叶时，一定要注意保护电机；从装备箱内取出无人机时切勿将无人机直接放在地上，因为电机有磁性，会将金属颗粒物吸附到电机上或其内部，这样容易导致电机损坏。

④ 起落架每收放 50 次，需定期清洁螺杆并加润滑油。

⑤ 飞行前需保证起落架紧固无晃动。

2. 飞行时常见问题处理

（1）作业前检查若发现无人机有零部件损坏开裂，需马上更换新的零部件，禁止强制飞行。试飞时，如果发现无人机在空中姿态异常，出现明显抖动或自旋现象，则要求马上降落至地面重新逐一检查，重新校地磁，直到确认无人机无异常时再进行作业。

（2）飞行前 GPS 卫星信号强度不够会导致航线上传失败，所以当信号接收困难时，应将无人机更换放置位置和机头方向，直至卫星信号接收足够再起飞，切勿强制飞行。

（3）飞行时间超过动力电池续航能力会导致无人机不能安全着陆或成功返航，所以飞行前须了解电池的续航能力，规划航线切勿大于电池续航时间，需要留足无人机的返航时间，切勿强制进行超过续航时间的飞行作业。

（4）飞行面积沿区域面积外扩不足 3 条航线，会导致数据采集不全，后期处理时侧面的影像纹理会缺失，甚至导致任务成果无法交付，所以在设置航线时就要注意飞行面积和区域面积的航线外扩是否足够。

（5）飞行中地面站与无人机失联会导致无法实时监控无人机的飞行状态和飞行回传数据，这在大航线飞行时是极为危险的，所以电台失联时需要飞手和地面站人员移动位置或者拔插接口寻找电台发射信号。

（6）飞行降落速度过快会导致无人机姿态不稳，甚至侧翻，所以飞行结束下降时无人机的下降速度不能超过 2.5m/s。

（7）GPS 天线未安装稳固会导致无人机飞行时姿态异常、定点悬停难，所以安装时一定要注意接口插紧、方向正确。

（8）动力电池安装偏差导致整机重心偏移，会造成无人机飞行时姿态异常。

（9）航摄平台忘记开机通电，会导致飞行作业数据获取失败，同时使工作效率降低，所以起飞前一定要按步骤进行操作，切勿胡乱操作。

（10）建议不要在身体不适或者患病时进行飞行作业，在此状态下操作十分危险。

2.3 其他测量设备

2.3.1 全站仪介绍

1. 全站仪发展历程

全站仪是全站型电子速测仪的简称，它是在角度测量自动化的过程中应运而生的，在各种测绘作业中起着重要作用。全站仪的发展经历了从组合式（即将光电测距仪与光学经纬仪组合，或将光电测距仪与电子经纬仪组合）到整体式（即将光电测距仪的光波发射接收系统的光轴和电子经纬仪的视准轴组合为同轴的整体式全站仪）的阶段。

最初速测仪的距离测量是通过光学方法来实现的，我们称这种速测仪为光学速测仪。实际上，光学速测仪就是指带有"视距丝"的经纬仪，被测点的平面位置由方向测量及光学视距来确定，而高程则用三角测量方法来确定。带有"视距丝"的光学速测仪，由于其快速、简易的特点，因此在短距离（100m 以内）、低精度的测量（如碎部点测定）中有其优势，而得到了广泛的应用。随后电子测距技术的出现大大推动了速测仪的发展，用电磁波测距仪代替光学视距经纬仪，使得测程更大、测量时间更短、精度更高。人们将由电磁波测距仪测定距离的速测仪笼统地称为电子速测仪（Electronic Tachymeter）。然而，随着电子测角技术的出现，这种电子速测仪的概念又相应地发生了变化，现在一般将电子测角技术和电子速测仪结合起来，根据测角方法的不同，电子速测仪可分为半

站型电子速测仪（即半站仪）和全站型电子速测仪（即全站仪）。半
站仪是指用光学方法测角的电子速测仪。这种速测仪出现较早，并
且经过不断改进，可将光学角度读数通过键盘输入测距仪，对斜距
进行换算，最后得出平距、高差、方向角和坐标差，这些结果都可
自动地传输到外部存储器中。全站仪则是由电子测角、电子测距、
电子计算和数据存储单元等组成的三维坐标测量系统，测量结果能
自动显示，并能与外围设备交换信息，较完善地实现了测量和处理
过程的电子化和一体化。

20 世纪 80 年代末，由于电子测角技术和电子测距技术发展的不
平衡，全站仪分成积木式和整体式两大类。20 世纪 90 年代以来，基
本上都发展为整体式全站仪。

2. 全站仪的组成、精度等级及技术指标

（1）全站仪的组成。

① 采集数据设备。采集数据设备主要有电子测角系统、电子测
距系统、自动补偿设备等。

② 微处理器。微处理器是全站仪的核心装置，主要由中央处理
器、随机存储器和只读存储器等构成。测量时，微处理器根据键盘
或程序的指令控制各分系统的测量工作，进行必要的逻辑和数值运
算，以及数字存储、处理、管理、传输、显示等。

③ 输入输出设备。输入输出设备是与外围设备连接的装置（接
口），使全站仪能与磁卡和微机等设备交互通信，传输数据。其中又
把外围设备与微机统称为过程控制机。

只有上面几部分有机结合，才能真正地体现"全站"功能，即
既能自动完成数据采集，又能自动处理数据和控制整个测量过程。

（2）全站仪的精度等级及技术指标。

① 精度等级。全站仪的精度等级是由两部分确定的，即测角标
准偏差和测距标准偏差。每台全站仪出厂时均有一个标称精度值，该

值是根据西德 DIN18723 标准进行评定的。通过我国的实际测试，发现实测值小于标称精度值，为标称精度值的一半左右，这也说明如此划分全站仪的精度等级是完全可以满足现行标准的。

② 技术指标。技术指标主要体现在：望远镜（如放大率等）、测角部（精度、测量时间等）、测距部（精度、测量时间、测距范围等）、电源系统（工作时间等）、软件与数据传输（内置程序多少、数据内存多少等）、其他（显示器、灵敏度、质量等），其中最主要的是测角和测距精度。

3. 全站仪的分类、应用及特点

（1）全站仪的分类。

① 按照精度，全站仪可分为 0.5″、1″、2″三种测量精度。

② 按照产地，全站仪主要有日本产（如宾得、索佳、拓普康、尼康），美国产（如天宝），瑞士产（如徕卡），国产（如我国南方公司的 NTS202）等系列。

③ 按照电子测角系统和电子测距系统的结合方式，全站仪可分为积木式和整体式两大类。

④ 按照特有功能，全站仪可分为带内存型、防水型、防爆型、电脑型、带电机（测量机器人）型。

（2）全站仪的应用。

全站仪应用非常广泛，如在变形观测中的应用，在测设公路中线上的应用，在大面积室内装修工程中的应用，在贯通测量中的应用，在水准法测量高程中的应用，在测量道路横断面中的应用，在数字测图中的应用，在坐标法进行线路详细测设中的应用，在坐标测量和放样中的应用，在自由设站中的应用，在工程测量中的应用，等等。

（3）全站仪的特点。

① 仪器操作简单、高效：全站仪具有现代测量工作所需的所有功能。

② 快速安置：简单地整平和对中后，开机便可工作。仪器具有专门的动态角扫描系统，因此无须初始化。关机后，仍会保留水平和垂直度盘的方向值。

③ 适应性强：全站仪是为适应恶劣环境操作所制造的仪器，其经受过全面的测试以便适应各种作业条件，如雨天、潮湿、冲撞、尘土和高温等，因此它们能在苛刻的环境下完成作业任务。

④ 设有双向倾斜补偿器：全站仪可以自动对水平和竖直方向进行修正，以消除竖轴倾斜误差的影响，还可进行地球曲率改正、折射误差改正、温度改正及气压改正等。

⑤ 控制面板具有人机对话功能：控制面板由键盘和显示窗组成。除照准以外的各种测量功能和参数均可通过键盘来实现，仪器的两侧均有控制面板，操作十分方便。

⑥ 具有双向通信功能：可将测量数据传输给电子手簿或外部计算机，也可接收电子手簿或外部计算机的指令和数据。

2.3.2 GNSS 介绍

GNSS 的全称是全球导航卫星系统（Global Navigation Satellite System），它泛指所有的全球卫星导航系统以及区域和增强系统，它利用包括美国的 GPS、WAAS（广域增强系统），俄罗斯的 GLONASS（格洛纳斯，全球卫星导航系统），欧洲的 GALILEO（伽利略卫星导航系统），EGNOS（欧洲地球静止导航重叠系统），中国的北斗卫星导航系统（BDS），日本的 MSAS（多功能运输卫星增强系统）等卫星导航系统中的一个或多个系统进行导航定位，并同时提供卫星的完备性检验信息和足够的导航安全性告警信息。

1. GNSS 发展历程

GNSS 起始于 1958 年美国军方研制的一种子午仪卫星定位系统（Transit），该系统于 1964 年投入使用。20 世纪 70 年代，为给海陆空三大领域提供实时、全天候和全球性的导航服务，同时为了收集情报、应急通信及核爆检测等军事目的，美国海陆空三军联合研制了新一代的全球卫星定位系统（Global Positioning System，GPS）。到 1994 年，经过 20 多年，耗资 300 亿美元，由全球 24 颗 GPS 卫星组成的 GPS 卫星星座已经布设完成，覆盖率高达 98%。

GLONASS 项目是苏联在 1976 年启动的项目。到 2009 年 12 月，在轨运行的 GLONASS 卫星已达 19 颗，已满足覆盖俄罗斯全境的需求。到 2010 年 10 月，俄罗斯政府已经补齐了该系统需要的 24 颗卫星。

中国北斗卫星导航系统（BeiDou Navigation Satellite System，BDS）是中国自行研制的全球卫星导航系统。北斗卫星导航系统由空面段、地面段和用户段三部分组成，可在全球范围内全天候、全天时为各类用户提供高精度、高可靠定位、导航及授时服务，并具备短报文通信能力，已经初步具备区域导航、定位和授时能力，定位精度 10m，测速精度 0.2m/s，授时精度 10ns。2020 年 6 月 23 日 9 时 43 分，中国在西昌卫星发射中心用长征三号乙运载火箭，成功发射北斗系统第 55 颗导航卫星。2020 年 7 月 31 日上午 10 时 30 分，北斗三号全球卫星导航系统正式开通。

2. GNSS-RTK 测量原理

GNSS 定位系统的工作原理是由地面主控站收集各监测站的观测资料和气象信息，计算各卫星的星历表及卫星钟差改正数，并按规定的格式编辑导航电文，通过地面的注入站向 GNSS 卫星注入这些信息。测量定位时，用户可以利用接收机的储存星历得到各颗卫星的粗略位置。根据这些数据和自身位置，由计算机选择卫星与用户连线之间张角较大的 4 颗卫星作为观测对象。观测时，接收机利用码发生器生成的信息与卫星接收的信号进行相关处理，并根据导航电文的时间标和子帧计数测量用户和卫星之间的伪距。根据修正后的伪距和输入的初始数据及 4 颗卫星的观测值列出 3 个观测方程式，即可解出接收机的位置，并转换为所需要的坐标系统，以达到定位的目的。

高精度的 GNSS 测量必须采用载波相位观测值，RTK 定位技术就是基于载波相位观测值的实时动态定位技术，它能够实时地提供测站点在指定坐标系中的三维定位结果，并达到厘米级精度。在 RTK 作业模式下，基准站通过数据链将其观测值和测站坐标信息一起传送给流动站。流动站不仅要通过数据链接收来自基准站的数据，还要采集 GNSS 观测数据，并在系统内组成差分观测值进行实时处理，同时给出厘米级的定位结果。流动站可处于静止状态，也可处于运动状态；可在固定点上先进行初始化后再进入动态作业，也可在动态条件下直接开机，并在动态环境下完成整周模糊度的搜索求解。在求得固定解后，即可进行数据的实时处理，只要能保持 4 颗以上卫星相位观测值的跟踪和必要的几何图形，流动站即可随时给出厘米级的定位结果。

3. GNSS 的应用

（1）测绘应用。

GNSS 目前已经广泛应用到地籍测量、工程测量、大坝和大型建筑物变形监测、地壳运动观测、高精度地面测量和控制测量、水下地形测量，以及道路和各种线路放样等领域，最重要的是相对于传统方法，在进行山区地面测绘时，GNSS 可以节约大量的人力、物力、财力及时间。

（2）交通应用。

在空运方面，应用 GNSS 接收设备可以使驾驶员准确对准跑道着陆，同时还能够使飞机排列紧凑以提高机场的利用率，引导飞机安全进离机场。在水运方面，应用 GNSS 可以实现船舶远洋导航和进港引水。在陆运方面，租车服务、物流配送、出租车等行业利用

GNSS 技术对车辆进行跟踪及调度管理，不仅能够以最快的速度响应用户的驾乘车或送货请求，而且能够降低能源消耗，从而节约运输成本。今后，在城市中建立数字化交通电台，实时发布城市交通信息，车载设备通过 GNSS 进行精确定位，结合电子地图及实时的交通状况，自动匹配最优路径，可以实现车辆的自主导航。

（3）公共安全和救援应用。

在处理火灾、交通事故、犯罪现场及交通堵塞等紧急事件中，应用 GNSS 可以有效地提高事件的响应效率，并将损失降到最低。救援人员在人迹罕至及条件恶劣的环境下通过 GNSS 可以对失踪人员进行有效的搜索和救援。当发生危险情况及突发情况时，装有 GNSS 设备的交通工具能够做到及时定位和报警，从而能更快、更及时地实施救援。如果老人、孩童及智障人员佩戴由 GNSS、GIS（地理信息系统）与 GSM（全球移动通信系统）整合而成的协寻装置，当发生协寻事件时，即使在没有 GNSS 定位信号的室内，协寻装置也会自动由发射器发送出 GNSS 定位信号而得知协寻对象的位置。

（4）农业应用。

当前许多发达国家都在实行"精准农业耕作"，即把 GPS 技术引入农业生产中。利用 GNSS 进行产量检测和土壤采集等对农田信息进行准确定位，通过计算机系统对采集的数据进行分析处理，根据分析处理的结果对农田进行有针对性的管理，然后把产量和土壤状态的信息载入带有 GNSS 设备的喷施器中，从而精确地对农田进行施肥和喷药。通过 GNSS 进行"精准农业耕作"能够有效地保证在尽量不减产的情况下降低农业生产的成本，这样不仅避免了资源的浪费，而且减少了因施肥和喷洒农药带来的环境污染。

第3章
外 业 工 作

■古今中外，凡成就事业，对人类有作为的无一不是脚踏实地、艰苦攀登的结果。

3.1　地面激光扫描点云数据采集

为了获取高精度完整的点云数据，工作过程一般包括项目计划制订、外业数据采集和内业数据处理三个环节。《地面三维激光扫描作业技术规程》（CH/Z 3017—2015）（以下简称《规程》）中指出，地面三维激光扫描总体工作流程应包括技术准备与技术设计、数据采集、数据预处理、成果制作、质量控制与成果归档。本节首先阐述制定扫描方案的方法，然后以 FARO FOCUS 3D 扫描仪为例介绍外业数据采集的步骤。

3.1.1　方案设计

《规程》中对资料收集及分析、现场踏勘、仪器及软件准备与检查做出了具体要求。本节将参考其他学者的相关研究，对方案设计做简要阐述。

1. 制定扫描方案的作用

测绘工程项目多数都有技术设计的环节。我国三维激光扫描技术应用还处于初期阶段，多数应用项目属于试验研究性的，只有少数应用项目技术路线相对成熟，项目技术设计还未当成必要环节来要求，而且目前我国扫描仪检测及应用技术标准与规范还没有开始制定。但是由于三维激光扫描技术应用的核心是获取点云数据的精度，依据目前一些学者的研究成果，点云数据的精度影响因素较多。为了控制误差累积、提高扫描精度，三维激光扫描测绘和传统测绘一样，测绘前应进行基于精度评估的技术设计，这对于项目的顺利完成将起到非常重要的作用。

2. 制定扫描方案的主要过程

《规程》中指出，技术设计应根据项目要求，结合已有资料、实地踏勘情况及相关的技术规范，编制技术设计书。结合一些学者的研究成果，对制定扫描方案的主要过程简要说明如下。

（1）明确项目任务要求。

当扫描项目确定后，承包方技术负责人必须向项目发包方全面细致地了解项目的具体任务要求，这是制定项目技术设计的主要依据。

（2）现场踏勘。

为了保证项目技术设计的合理性并能顺利实施，以及全面细致地了解项目现场的环境，双方相关人员必须到扫描现场进行踏勘。

踏勘过程中要注意查看已有控制点的位置、保存情况及使用的可能性。根据扫描对象的形态、空间分布、扫描需要的精度及需要达到的分辨率，确定扫描站点的位置、标靶的位置等。根据扫描站点位置考虑扫描模型的拼接方式，并绘制现场草图（有条件可用大比例尺的地形图、遥感影像图等作为工作参考），对主要扫描对象进行拍照。根据现场踏勘及照片信息找到整个扫描过程中的难点，并有针对性地提出相应的解决办法。

（3）制定技术设计方案。

《规程》中规定，技术设计书的主要内容应包括项目概述、测区自然地理概况、已有资料情况、引用文件及作业依据、主要技术指标和规格、仪器和软件配置、作业人员配置、安全保障措施、作业流程。现选择主要的设计内容简要说明如下。

① 扫描仪选择与参数设置。

目前扫描仪的品牌型号较多，在激光波长、激光等级、数据采样率、最小点间距、模型化点定位精度、测距精度、测距范围、激光点大小、扫描视场角等指标方面各有千秋，为项目实施选择仪器提供了较大的空间，一般应根据仪器成本、模型精度、应用领域等因素综合考虑。

仪器选择时应首先考虑项目任务技术要求、现场环境等因素，再结合仪器的主要技术参数确定项目使用的仪器，多数情况下一台仪器就能够满足作业要求，但是在特殊情况下（如项目任务量较大、工期较短、扫描对象有特别要求）则需要多台仪器参与扫描，甚至需要使用不同品牌型号的仪器。

目前不同品牌仪器的性能参数还不统一，在选择仪器前应充分了解仪器的相关标称精度情况，结合项目技术要求选择相应的参数配置，如最佳扫描距离、每站扫描区域、分辨率等指标。参数选择的原则是能够满足用户的精度需要即可，因为精度过高会造成扫描时间增加、工作效率下降、成本上升、数据处理工作量与难度增加等不良后果。

② 测量控制点布设方案。

扫描仪在扫描过程中会自动建立仪器坐标系统，在无特殊要求时能够满足项目需要。但是为了将三维激光扫描数据转换到统一坐标系（国家、地方或者独立坐标系）下，则需要使用全站仪或其他测量仪器配合观测，这样在点云数据拼接后就可通过公共点把所有的激光扫描数据转换到统一坐标系下，方便以后的应用。测量控制点布设要考虑现场环境、点位精度要求等，可以参考测绘相关的技术规范。

针对测量控制网的布设，有一些学者进行了相关的试验研究，并取得了一定的经验。例如，对简单建筑物变形监测控制网的布设原则如下。

a．控制网的精度要高于建筑物建模要求的精度。

b．控制网布设的网型合适，要能满足三维激光扫描仪完全获取建筑物数据的要求。

c．控制网中各相邻控制点之间应通视良好，要求一个控制点至少与两个控制点通视。

d．为了提高测量精度，要求控制点与被测建筑物之间的距离保持在 50m 以内。

对复杂建筑物建模观测控制网的布设原则如下。

a．控制网的精度要高于复杂建筑物模型要求的精度一个等级。

b．控制网各控制点平面坐标采用高精度全站仪实施导线测量，高程采用精密水准测量方法，并进行严格的平差计算。

c．控制网的网型合适，要能满足三维激光扫描仪完整获取建筑物数据的要求。对部分结构复杂的区域，应加密变形监测控制点，以便扫描时能更好地获得扫描数据。

d．控制网中各相邻控制点之间应通视良好，要求一个控制点至少与两个控制点通视。

e．为了提高测量精度，要求控制点与被测建筑物之间的距离保持在 50m 以内或更近的距离。

3．野外扫描方案设计

在整个项目技术设计中，野外扫描方案是最重要的组成部分。扫描之前要做全面细致的方案设计。根据测量场景大小、复杂程度和工程精度要求，确定扫描路线，布置扫描站点，确定扫描站数及扫描系统至扫描场景的距离，确定扫描分辨率。仪器参数的确定将直接影响扫描精度和效率，分辨率一般根据扫描对象和需要获取的空间信息确定。

现对扫描方案设计中的主要内容说明如下。

（1）标靶。

扫描仪的内部有一个固定的空间直角坐标系统。当在一个扫描站上不能测量物体全部而需要在不同位置进行测量时，或者需要将扫描数据转换到特定的工程坐标系中时，都要涉及坐标转换问题。为此，就需要测量一定数量的公共点，以便计算坐标变换参数。为了保证转换精度，公共点一般采用特制的球形标志（也称球形标靶，可以放置在地面上，也可以安置在三脚架上，如图 3-1 所示）和平面标志（也称平面标靶，不同形状的平面标靶如图 3-2 所示）。在变形监测时一般采用贴片将标靶固定在监测对象上。

图 3-1　球形标靶

图 3-2　不同形状的平面标靶

放置标靶时的注意事项主要有：能够良好识别，不要被物体遮挡；不要将标靶放在一条直线上，否则会降低拼接精度；安放位置要确保稳定；标靶之间应有高度差。

为满足点云数据的拼接要求，相邻测站至少要求有 3 个公共点重合，因此购置仪器时一般至少要配置 4 个标靶。如果有条件，还可以多配置标靶，因为标靶越多，扫描时每站的扫描范围会越大，同时也会提高工作效率。

（2）测站设置。

根据扫描实施方案，设置站点要保证三维激光扫描仪在有效范围内发挥最大的效率，科学地设置站点可大幅度提高测量效率。在需要扫描标靶的情况下，换站前要计划好下站位置，要确保下站也能看到标靶；若不需要标靶，则测站的位置要保证能尽量多地看到特征点，以方便后续的点云拼接。

一般情况下，采用地物特征点和标靶控制点拼接数据时，测站设置遵守的原则如下。

① 扫描仪所架设的各个测站可以扫描到目标区域的全部范围。

② 对测站数进行优化，采用最小的设站数量、最大的覆盖面积（在保证采样率的前提下），减少拼接次数，减小点云数据的拼接误差和数据总量。

③ 相邻两站之间有不少于 3 个可清晰识别的标靶或特别标志，扫描仪至扫描对象平面的距离要在仪器标称测距精度的最佳工作范围，一般要与扫描对象平面垂直。

④ 在可视范围内，若能保证90%以上数据的完整性及站与站之间的重复率为20%～30%，则可以保证研究对象整个点云数据的完整性和不同站点间拼接的最低要求。针对古建筑的特殊部位，要进行数据补充，以保证数据的完整性。对于大型的复杂建筑，尤其是具有一定高度的建筑，应采用其他辅助手段，保证点云数据的完整性。

（3）大范围区域扫描方案的设计。

当扫描范围比较大、扫描站数比较多时，采用一种接拼方式可能会有较大的累积误差。目前，大范围区域点云数据拼接是研究的热点问题，其直接影响野外扫描方案的制定。

在这方面，一些学者针对不同的扫描对象范围进行了试验研究，北京则泰盛业科技发展有限公司技术人员针对大型工厂的扫描方案设计做了研究，大型工厂的扫描难点在于：范围大，通过多站扫描可能存在累积误差；设备复杂，对比较集中的设备进行扫描有困难。技术人员通过扫描仪和控制网相结合的方法来解决此难题，携带全站仪（推荐高精度全站仪）一套，用于现场控制网的测量，全站仪须具有无棱镜测量功能，以确定扫描仪标靶中心位置坐标。针对两种类型的大型工厂，其扫描方案的主要内容简要介绍如下。

① 第一种类型：密集型工厂的扫描方案。

扫描方案分为两级，第一级为控制网，控制网可依据现场情况最多布设成三级控制点。第二级为单站扫描点云。每一站扫描完毕后通过全站仪对单站设置的 3 个或 3 个以上的标靶（平面）进行测量，得出标靶的坐标，然后通过控制网将所有的单站扫描结果拼接在一起，最终形成完整的扫描场景。

该扫描方案的优点如下。

a. 不用考虑单站之间的拼接，单站的数据可以和控制点通过标靶的坐标直接拼接在一起，这样就减少了扫描站之间的拼接，所以在设置扫描站位置时相对比较自由，比较重要的地方可以重点扫描，不重要的地方可以一站带过。

b. 相对于不做控制网的拼接，减少了累积误差产生的可能，因为标靶的坐标通过全站仪测量，能够得到相对比较精确的坐标值，按照控制网的等级分开，最终的误差能控制到三级控制点的效果，而如果单纯通过扫描仪扫描标靶拼接，最后的累积误差会随着扫描站点的增加而增加。

该扫描方案的缺点如下。

a. 单站数据太多，不能很好地形成管理等级，在做草图和记录的过程中，琐碎的内容太多，不方便记录。

b. 加大了控制点坐标的数量，每一次单站扫描的标靶都要通过全站仪再次测记，一次单站的标靶数量为 3～4 个，那么上百站的标靶数量就多达三四百个，如果在拼接的过程中出现问题，查找标靶的错误信息将非常困难。

c. 对全站仪测量标靶坐标的要求比较苛刻，如果精度出现相对误差比较大的情况，就很容易造成拼接后的点云发生错位等现象，尤其是对于比较长的扫描对象，更容易出现这样的问题。

d. 由于单站数据太多，后期数据的处理不容易形成系统的模式，因此比较容易产生错误。

② 第二种类型：独立型工厂的扫描方案。

因为工厂设备的密集程度不同，相对于整套工艺系统，其部分功能独立于整个系统，设备分布特点是分散在不同的独立位置，扫描方案可以做如下调整：将整体的被扫描区域划分为若干个独立单元区域，比如功能 A、功能 B、功能 C 等。将每一个功能区作为一个独立单元，独立单元由若干个单站点云组成，独立单元的拼接依靠扫描仪对标靶的控制，全站仪只需要在这个独立单元里测量 3～4 个标靶就能完成多站数据和控制网的拼接，同时还可以在独立单元里布置长边，从而控制好整体的拼接误差。具体的操作为：先对独立单元进行单站数据扫描，标靶的设置要能和后一站数据很好地衔接；然后在此独立单元里用全站仪测得相对位置关系较好的 3 个或 3 个以上的标靶；接着将此独立单元拼接起来，将拼接好的独立单元作为一个单站再和控制网拼接，这样就完成了独立单元和控制网的拼接。

该扫描方案的优点如下。

a. 独立单元的划分能够很好地计划扫描时间。一般在扫描时，如果项目组对时间没有控制好，可能遇到中午工作没有完成而项目组全部停工导致扫描不连续的情况。因此，每一次扫描必须要计划好，否则不连续扫描产生的直接影响就是要在现场留标靶，但是如果发生标靶被移动的情况，则将对后期数据拼接造成比较大的影响。通过对独立单元的划分，可以将每一个简单的独立单元利用半天时间（复杂的则利用一天时间）扫描，这样就能够把时间段划分开，很好地避免了间断的残留工作。

b．该方案减少了全站仪测量标靶的数量。一个独立单元有 3～4 个标靶就可以进行拼接（在测量的过程中要多测标靶，防止标靶误差），这样既方便扫描又方便测量，而且在画草图的过程中减少了标注，使得整体的工作流程得到了很好的简化。

c．每一个扫描单元数据在最后的控制拼接过程中都相当于一站数据，在做控制拼接之前，将这个单元的单站数据通过标靶拼接已经完成了坐标系的统一，最后通过对这个单元里的标靶和控制点进行拼接，可以减少很多拼接量。同时，通过控制拼接和标靶拼接综合的拼接方式，还可以很好地控制管理等级和拼接精度。

当然，该扫描方案在实施过程中还需要注意：在划分单元和控制拼接时，切勿人为地在一个扫描单元里提出一站来与控制网搭接，利用扫描单元里的一站数据中的 3 个标靶和控制网里对应的 3 个标靶进行拼接，再将拼好的一个单元拼接到控制网里。因为这样有两点限制：a．用一站进行搭接，需要全站仪在已知点上看到标靶，这样一来这一站的扫描既要考虑和下一站的拼接，又要考虑全站仪是否能够看到标靶，这就加大了标靶布置的难度；b．用一站进行搭接来控制一个单元，这样会造成小边控制大边的情况，不能很好地控制拼接精度。

一个单元的数据要拼接在一起，用一站搭接不是必需的，可以在一个单元的 3 个或者 4 个距离比较远的地方放置几个长边控制精度，同时标靶也能找到比较合适的放置位置。最重要的是拼接的时候不受搭接单站的限制，也能很好地提高效率。

扫描方案设计是顺利完成项目的技术保障，项目双方要充分沟通，也要对方案进行多次论证，确定最终的实施方案。在方案实施的过程中，如果遇到问题也可以对原方案进行修改。

3.1.2　点云数据采集

《规程》中指出，数据采集流程包括作业准备、控制测量、标靶及扫描站布测、点云数据采集、纹理图像采集、数据检查、数据导出备份，如图 3-3 所示。

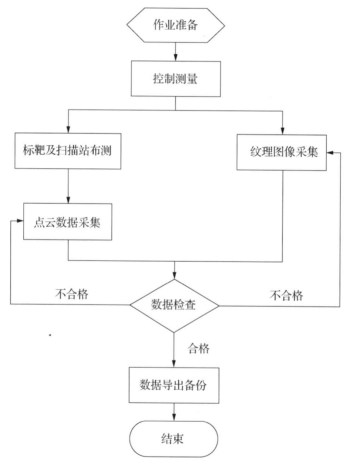

图 3-3　数据采集流程

参考相关学者的应用研究成果，先介绍点云数据采集的方法，然后对基于标靶进行点云数据采集的方法进行说明。

1. 点云数据采集方法

在利用地面三维激光扫描仪对三维场景进行数据采集时，不同学者对采集方法的描述不太一致，但总体思路是一致的，一般可采用 3 种数据采集方法：基于地物特征点拼接的数据采集方法、基于标靶的数据采集方法和基于"测站点＋后视点"的数据采集方法。每一种数据采集方法的总体思路简要介绍如下。

（1）基于地物特征点拼接的数据采集方法。

该方法是根据每测站对目标测物进行数据采集时，获取的点云数据重叠区域内具有地物公共特征点的特性，进行后续数据处理。在外业数据采集时，扫描仪可以架设在任意位置进行扫描，同时不需要后视标靶进行辅助。在扫描过程中，只需要保证相邻两测站之间的扫描数据有30%的重叠区域即可。

数据处理主要通过选择各测站重叠区域的公共特征点计算旋转矩阵进行拼接。特征点选择完成后，软件可以计算出待拼接点云相对于基础点云的旋转矩阵，将两测站数据拼接在一起，然后再与第三测站进行拼接。采用此方法可将各测站的数据拼接成一个整体。

该方法的外业测量简单灵活，布设方式也很灵活。内业数据拼接时需要人工选取公共点云进行拼接，拼接过程复杂，精度较低。该方法适用于特征明显，测量精度要求不高的工程。

（2）基于标靶的数据采集方法。

该方法采用的反射标靶可以是球体、圆柱体或圆形标靶。进行外业数据采集时，可在目标测物四周通视条件相对较好的位置布设反射标靶，作为任意设置测站的共同后视点。在任意位置设测站对目标测物扫描时，要求测站能同时后视到 3 个及以上后视标靶。扫描结束后，再对目标测物四周能后视到的标靶进行精细扫描，以获取标靶的精确几何坐标。根据实际工作经验，在进行基于标靶的数据采集时，每测站之间获取 4 个以上的标靶数据，在后期数据处理时能得到更好的点云拼接效果，如图 3-4 所示。

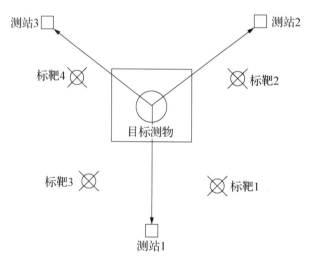

图 3-4　标靶与测站位置关系示意

　　利用设备配套软件拼接时，先对相邻两测站进行拼接处理，最后拼接成一个整体。基于标靶的数据采集方法目前主要应用于雕塑、独立树、堆体、人体三维扫描等测量面积相对较小、独立的物体扫描工程中。如果测量面积较大或者标靶被扫描物遮挡，在换测站的同时就要移动标靶到下一个能通视的位置，以保证每个测站至少能扫描到 3 个以上的标靶。如图 3-5 所示的堆体，共扫描 4 站（S1～S4），标靶摆放了 6 个位置（b1～b6），按照逆时针的方向移动。

　　该方法可以在任意位置架设扫描测站点，但要求相邻两测站间要有 3 个以上固定位置的公共标靶，扫描时需要对公共标靶进行精细扫描。该方法不需要获取每个测站和标靶的测量坐标，且内业点云拼接简单、快速，拼接精度较高，适用于小型、单一物体的扫描工程。

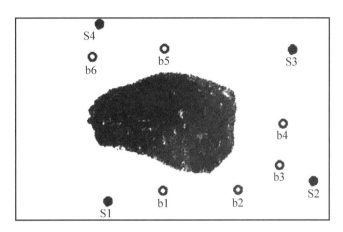

图 3-5　仪器及标靶摆设位置

（3）基于"测站点＋后视点"的数据采集方法。

该方法类似于常规全站仪测量的方法，也是最接近于传统测量模式的方法。该方法需要在已知控制点上设测站扫描，各控制点的坐标需要采用其他方法进行测量，如导线测量、GPS-RTK 测量等。采用 GPS-RTK 测量方法时，可以通过扫描仪自带的接口，将 GPS 接收机直接连接到扫描仪上，进行同步测量。

外业具体数据采集流程为：①在已知控制点上架设三维激光扫描仪，对仪器进行对中整平工作；②在另一个与测站点相互通视的已知控制点上架设标靶，对标靶进行对中整平工作；③根据目标测物的特征，对三维激光扫描仪按一定的参数进行设置后采集目标测物点云数据；④在点云数据中找到标靶的位置，并对标靶进行精细扫描，获得后视点标靶的相对坐标。

利用仪器配套的软件，输入对应控制点的坐标，将点云数据转换到需要的测量坐标系中。由于已知控制点都是在同一坐标下进行测量得到的，因此将各测站的点云数据通过配准操作后叠加在一起，就形成了统一的整体数据。

该方法由于每个控制点都在同一坐标系下，因此需要采用其他设备对控制点坐标进行测址，这就加大了外业工作量。在扫描过程中，只需要对一个后视标靶进行扫描即可完成定向，每测站点云数据之间不需要有重叠区域。该方法点云拼接精度高，并可以直接得到相应的测量坐标系，适用于大面积或带状工程的数据采集工作。

2. 基于标靶的扫描步骤

在项目实施过程中，野外获取点云数据是重要的工作组成部分，获取完整的符合精度要求的点云数据是后续建模与应用的基础。扫描开始前要做好相关准备工作，主要包括仪器、人员组织、交通、后勤保障、测量控制点布设等。针对不同品牌的仪器型号，在一个测站上具体扫描操作的方法会有所不同。目前多数扫描仪的集成度较高，以 FARO FOCUS 3D 激光扫描仪（本节简称扫描仪）为例，在采用球形标靶控制点方式拼接的情况下，在一个测站上扫描的基本步骤如下。

（1）安置仪器。

安置仪器主要包括安装三脚架、对中、整平，这些操作需要的时间非常短。使用 FARO 快装系统（图 3-6）可以非常方便地将扫描仪安装到固定位置。

扫描仪内置双轴补偿器，当倾角小于 5°时双轴补偿器能满足精确度的要求，而当倾角大于 5°时双轴补偿器精确度会降低，所以实际使用中应使用三脚架上的气泡粗平，以保证倾角小于 5°。

(a)快装系统顶部适配器   (b)三脚架上的快装系统底部适配器

图 3-6　FARO 快装系统

（2）摆放球形标靶。

在安置仪器的同时，可以在扫描对象的附近摆放 4 个球形标靶。注意球形标靶一定要放在比较稳定的地方，要与仪器通视，同时不要摆放在一条直线上，要考虑到下一站的球形标靶移动时的通视。

球形标靶的设置应事先规划好，具体参见 3.1.1 节中野外扫描方案设计关于标靶的论述。

（3）设置仪器参数。

在确认仪器安置无误后，可以打开仪器电源开关，此时扫描仪 LED 呈蓝色闪烁。如果只通过电池供电，但是因电池电量太低而无法启动扫描仪，则扫描仪 LED 会呈橙色闪烁。

当扫描仪准备就绪时，LED 会停止闪烁并呈蓝色持续亮起，之后出现操作的中文主菜单（图 3-7），可以用手指轻触屏幕上的元素进行操作。

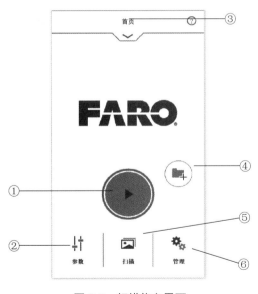

图 3-7　扫描仪主界面

① 开始扫描：完成所有设置后点击按钮即可开始扫描。

② 参数设置：对扫描过程参数（分辨率、质量或扫描角度等）进行设置，如图 3-8 所示。设置扫描参数的方法有两种：手动更改或者选择以一组预先定义的扫描参数的形式存在的扫描配置文件。

选择"选择配置文件"，其页面如图 3-9 所示，系统已经预设了常见的一些场景，在捕获扫描之前，可以选择符合场景和所需扫描质量需要的扫描配置文件，当选择某个预先定义的扫描配置文件时，会使用此扫描配置文件的设置覆盖所有当前扫描参数。

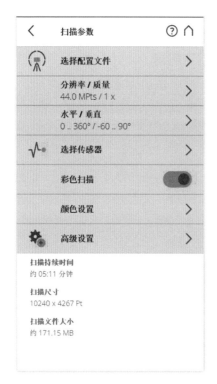

图 3-8　"扫描参数"设置页面

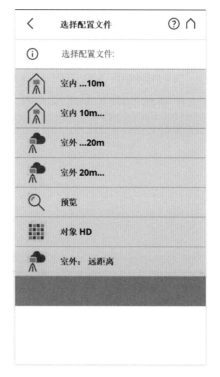

图 3-9　"选择配置文件"页面

选择"分辨率/质量"，可以改变扫描任务的分辨率和扫描质量，其页面如图 3-10 所示。可选择的分辨率有 1/1、1/2、1/4、1/5、1/8、1/10、1/16、1/20 和 1/32。质量会影响采用固定扫描分辨率时的扫描质量及扫描时间。用户借助一个简单的滑块即可实现扫描质量与速度之间的平衡。向上移动滑块可减少扫描数据的噪声，由此提高扫描质量，但也会延长扫描时间。向下移动滑块可缩短扫描时间，提高扫描项目的效率。质量滑块通过变换测量频率或应用额外的噪声压缩来设置质量等级。

选择"水平/垂直"，用户可设置"扫描区域"页面，如图 3-11 所示。其中"水平区域"指水平扫描区域的大小（以度为单位），轻触框内数字，可输入水平起始角度和水平结束角度的值；"垂直区域"指垂直扫描区域的大小（以度为单位）；轻触"默认区域"可将值重置为默认扫描区域（垂直方向从-60°到90°，水平方向从0°到360°）。

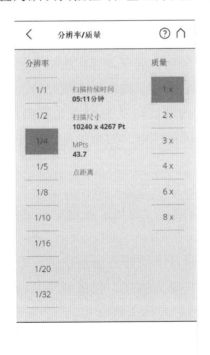

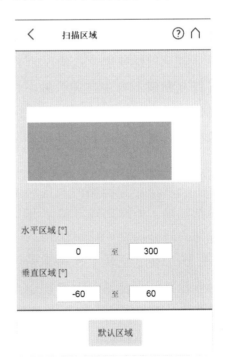

图 3-10　"分辨率/质量"页面　　　　图 3-11　"扫描区域"页面

选择"选择传感器"，用户可选择是否启用或禁用传感器，扫描仪包含的传感器有倾角仪、罗盘、高度计、GPS 等，一般建议全部开启。

③ 信息框：轻触主页下的箭头按钮，显示或隐藏信息框。该信息框会告知有关当前所选操作员、项目和扫描配置文件的信息。它还会显示有关当前扫描参数（分辨率、质量、扫描持续时间和颜色）的信息。

④ 添加群集：轻触向当前选定的项目添加一个群集。

⑤ 查看扫描：预览 SD 卡上存储的扫描。

⑥ 管理按钮：管理扫描配置文件、项目、操作员和扫描仪。

（4）开始扫描。

当确认仪器参数设置正确后，轻触控制器软件首页屏幕上的"开始扫描"按钮开始扫描。扫描过程开始后，扫描仪的激光会打开，并会显示扫描视图。扫描仪的 LED 会呈红色闪烁，并在扫描仪的激光打开期间一直保持此状态。在扫描过程中，扫描仪会顺时针旋转 180°。如果进行彩色扫描，则扫描仪会继续旋转至 360° 以拍摄照片。执行的处理步骤会显示在扫描屏幕的状态栏中，扫描进度由进度栏进行指示。

当仪器扫描结束后，可以检查扫描数据质量，若不合格则需要重新扫描。依据扫描方案，还可以进行照相（可用专业相机）、扫描标靶、测量标靶坐标等。

为了保证后续工作顺利完成，在测站上应做好观测记录，主要内容包括扫描测站位置略图、扫描仪品牌与型号、扫描时间、扫描操作人、测站编号、参数设置等，可自行设计表格填写。

（5）换站扫描。

当确认测站相关工作完成无误后，可以将仪器搬移到下一测站。是否关机取决于仪器的电源情况、两测站之间的距离、仪器操作要求等因素。视扫描对象的情况决定是否移动标靶。

当仪器搬移到下一测站后，可以重复前 4 个步骤的工作。注意需要设置与前一个测站相同的工程文件名称、分辨率等特殊指标参数。

（6）输出数据。

当全部扫描工作完成后，可选择用 SD 卡将数据导出到计算机。将 SD 卡从扫描仪上取下，插入电脑读卡器，可得到 SD 卡上的一系列文件，具体文件内容可参考 2.1.4 节的内容。

（7）结束扫描工作。

当数据传输完成后，关闭仪器。整理相关部件，仪器电机停止后可装入仪器箱，结束扫描的外业工作。

3. 扫描中的主要注意事项

由于仪器本身及扫描外界环境等因素对获取的点云数据精度有一定的影响，为了保证获取精度符合要求的点云数据，在野外扫描时的主要注意事项如下。

（1）在可能的条件下，应该使用最佳的距离和角度。在室内扫描或扫描距离较短的情况下，不同的角度会有不同的接收率，并不是正面笔直扫描时的接收率最高。

（2）防止在仪器工作温度以外使用。如果天气较热，应尽可能地将设备放在阴凉环境下，或者在仪器上部搭上一块湿布，以帮助仪器散热降温。

（3）仪器内部安装了高分辨率的数码相机，因此在设定扫描机位点时应注意不要将设备直接对着太阳光。

（4）仪器在扫描操作时，应尽量避免风、施工机械振动等造成的三脚架晃动，以及扫描范围内人员走动造成的噪声，应选择合适的时机尽量避免，无法避免时在后期数据处理时应将其消除。

（5）激光在穿过湿度高的空气时会有很大程度的衰减，所以尽量避免在潮湿的区域作业。特别是在封闭潮湿的环境，空气中的水汽不仅会吸收激光，而且目标测物表面的水也会产生镜面反射，使扫描仪的测量距离大大减小。

3.2　倾斜摄影外业

3.2.1　准备工作

1. 设备简介

目前成熟的无人机系统为多旋翼无人机，多旋翼无人机是一种能够垂直起降、以旋翼作为飞行动力装置的无人飞行器。

常见的多旋翼无人机有四旋翼（如大疆 DJI Phantom 系列、Inspire 系列），这些无人机系统集成度高，技术成熟，在消费级无人机市场占有绝对的领先优势。图 3-12 为大疆 Inspire 2 系列四旋翼无人机。除此之外，还有一系列应用级别的多旋翼无人机（如大疆 DJI M100、S1000 等）。

图 3-12　大疆 Inspire 2 系列四旋翼无人机

多旋翼无人机具有体积小、质量轻、噪声小、隐蔽性好等特点，适合多平台、多空间使用；其云台可以根据测绘任务的需求而搭载不同类型的相机或者特定传感器；相对固定翼无人机而言，可以垂直起降，不需要弹射器、发射架进行辅助起飞；在飞行过程中还可实现定点悬停，从而实现对某一区域的长时间观测，还可进行侧飞、倒飞等操作；其飞行的高度低，具有很强的机动能力，结构简单，控制灵活，成本低，螺旋桨小，安全性好，拆卸方便，也便于维护。由于多旋翼无人机的这些优点，目前一般使用多旋翼无人机进行倾斜摄影测量工作。

本书以大疆 Inspire 2 系列无人机为例，介绍倾斜摄影外业。

Inspire 2 系列无人机由飞行器、遥控器及配套使用的 DJI GO 4 App 组成，具备双冗余惯性测量装置（Inertial Measurement Unit，IMU）和气压计提升安全性，配合全新的智能电机驱动器，提供了敏捷、稳定、安全的飞行性能。该机型具备返航功能，可使飞行器自动飞回返航点并自动降落。除了可实现稳定飞行和悬停以外，该机型具备多方位的视觉定位及红外感知系统，可在更大范围内及时探测并自主躲避障碍物，从而进一步提升安全性。

该机型遥控器内置信号传输系统，信号传输距离最远可达 7km，可通过 DJI GO 4 App 在移动设备上实时显示高清画面，稳定传输高清图像及上下行数据。遥控器可在 2.4GHz 与 5.8GHz 双频段之间切换，大幅增强抗干扰能力，从而提高图像传输的稳定性。

Inspire 2 系列无人机配备全新的云台接口，可适配多种型号的新型三轴稳定云台相机。目前可配备 Zenmuse X5S 和 Zenmuse X4S 云台相机。机器配备高能量密度双智能飞行电池系统和高效率的动力系统，配合 Zenmuse X5S 最长飞行时间约为 25min，配合 Zenmuse X4S 最长飞行时间可达 27min。

2. 无人机安装准备

（1）解除运输模式。

为节省运输空间，飞行器出厂默认设置为运输模式，使用前需将其切换至降落模式。解除运输模式操作示意如图 3-13 所示。

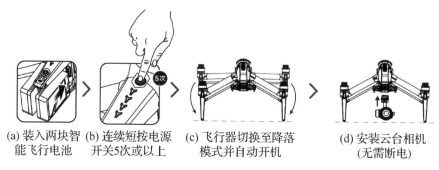

(a) 装入两块智   (b) 连续短按电源   (c) 飞行器切换至降落   (d) 安装云台相机
能飞行电池   开关5次或以上   模式并自动开机   (无需断电)

图 3-13　解除运输模式操作示意

注意：在首次使用智能飞行电池前，务必将智能飞行电池电量充满；为防止飞行器降落时云台相机触地，务必先取下云台相机，如果未取下云台相机，则无法从降落模式切换至运输模式；在切换运输模式或降落模式前，建议将飞行器放置于光滑平整的平面（如桌面）上，然后再进行模式切换操作。

当完成飞行任务后，可按照以下流程进入运输模式：取下云台相机（无需关闭飞行器电源）；降落模式下连续短按电源开关 5 次或以上，切换到运输模式；取下螺旋桨；将飞行器放在平面上或者抓住机臂；等待变形完成并且电源指示灯完全熄灭后，按下电池弹出键以移除电池。

（2）云台相机安装。

云台相机安装步骤如图 3-14 所示，具体操作如下。

① 移除云台相机接口保护盖。

② 按住云台相机解锁按钮，移除保护盖。

③ 对齐云台相机上的白点与 DGC 20 接口的红点，并嵌入安装位置。

④ 旋转云台相机快拆接口至锁定位置，固定云台。

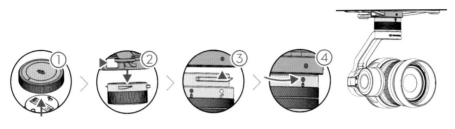

图 3-14　云台相机安装步骤

　　移除云台相机时，需要按住解锁按钮才能旋转云台相机的快拆接口。为方便下次安装，在移除云台相机时，务必将接口旋转到位才可取下云台相机。

　　若飞行器处于运输模式，无须关闭飞行器电源即可直接移除云台相机；其他情况下，则务必关闭飞行器电源后再移除云台相机。

　　（3）安装 1550T 快拆式螺旋桨。

　　Inspire 2 系列无人机采用 1550T 快拆式螺旋桨（图 3-15）。该螺旋桨分白色和红色两种类型，安装过程中需要注意区分，将带白色标记的螺旋桨安装到带白色标记的电机上，带红色标记的螺旋桨安装到带红色标记的电机上。

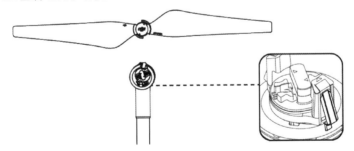

图 3-15　1550T 快拆式螺旋桨

　　螺旋桨安装步骤如图 3-16 所示，具体操作如下。

　　① 按住螺旋桨锁扣的弹片并转动锁扣，使标记对齐。

　　② 安装螺旋桨。

③ 转动螺旋桨锁扣，锁定螺旋桨，使标记对齐。

图 3-16 螺旋桨安装步骤

注意：拆卸时需按住锁扣的弹片，才能转动螺旋桨。

（4）遥控器操作。

展开遥控器上的移动设备支架并调整天线位置，具体操作如下。

① 按下移动设备支架侧边的按键以伸展支架。

② 调整移动设备支架确保夹紧移动设备。

③ 使用移动设备数据线将设备与遥控器 USB 接口连接。

遥控器如图 3-17 所示，各部件名称解释及操作如下。

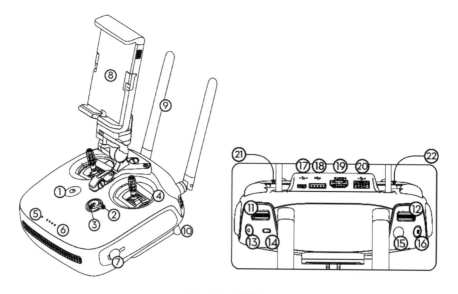

图 3-17 遥控器

① 电源开关：开启和关闭遥控器电源。短按一次电源按键，然后长按电源按键 2s 以开启遥控器；使用完毕后，重复以上步骤可关闭遥控器；短按一次电源按键可查看当前电量，若电量不足则需给遥控器充电。

② 变形控制开关：开关分为上升和下降两挡，飞行过程中拨动开关可控制飞行器变形，如图 3-18 所示。

上升：将起落架升至最高位置，便于航拍。使用 DJI GO 4 App 的自动起飞功能时，飞行器在上升至离地面 12m 以后，起落架将自行上升。

下降：将起落架降至最低位置，使飞行器安全降落。使用 DJI GO 4 App 的自动降落功能时，起落架将自行下降。

(a) 起落架下降挡位 　　　　(b) 起落架上升挡位

图 3-18　变形控制开关示意

③ 智能返航按键：长按智能返航按键进入智能返航模式。长按按键至蜂鸣器发出"嘀、嘀、嘀、嘀"的提示音则表示请求返航，发出"嘀嘀、嘀嘀、嘀嘀、嘀嘀"的提示音则表示图传已经连接，飞行器接收到返航指令并开始返航。在返航过程中，用户仍然可通过遥控器控制飞行器飞行。短按一次此按键将结束返航，重新获得控制权。

④ 摇杆：操控飞行器的飞行。使用 DJI GO 4 App 可设置美国手/日本手，默认为美国手。本书以美国手为例说明遥杆操控飞行器方式，具体操作见表 3-1。

表 3-1　摇杆操控飞行器方式

遥杆（美国手）	飞行器	操控方式
		油门杆用于控制飞行器升降。 往上推杆，飞行器升高；往下拉杆，飞行器降低；中位时飞行器的高度保持不变（自动定高）。 起飞时，必须将油门杆往上推过中位，飞行器才能离地起飞（需缓慢推杆，以防飞行器突然急速上冲）
		偏航杆用于控制飞行器航向。 往左打杆，飞行器逆时针旋转；往右打杆，飞行器顺时针旋转；中位时旋转角速度为零，飞行器不旋转。 摇杆杆量对应飞行器旋转的角速度，杆量越大，旋转的角速度越大
		俯仰杆用于控制飞行器前后飞行。 往上推杆，飞行器向前倾斜，并向前飞行；往下拉杆，飞行器向后倾斜，并向后飞行；中位时飞行器的前后方向保持水平。 摇杆杆量对应飞行器前后倾斜的角度，杆量越大，倾斜的角度越大，飞行的速度也越快
		横滚杆用于控制飞行器左右飞行。 往左打杆，飞行器向左倾斜，并向左飞行；往右打杆，飞行器向右倾斜，并向右飞行；中位时飞行器的左右方向保持水平。 摇杆杆量对应飞行器左右倾斜的角度，杆量越大，倾斜的角度越大，飞行的速度也越快

⑤ 遥控器状态指示灯：显示遥控器连接状态，遥控器状态指示灯绿灯常亮表示连接成功。

⑥ 电池电量指示灯：显示当前电池电量。

⑦ 充电接口：用于给遥控器充电。

⑧ 移动设备支架：在此位置安装移动设备。

⑨ 天线：传输飞行器控制信号和图像信号。

⑩ 提手：遥控器提手，方便携带。

⑪ 控制拨轮（云台/FPV）：直接拨动控制拨轮，可控制云台相机的俯仰轴。云台为自由模式时，按住 C1 并拨动控制拨轮，可控制云台相机的平移轴；按住 C2 并拨动控制拨轮，可控制 FPV 摄像头的俯仰轴。

⑫ 相机设置转盘：短按一次可唤醒参数调整功能，拨动以调整相机曝光设置。在唤醒状态下短按可在允许调整的参数间切换。10s 内无操作将自动锁定。

⑬ 录影按键：启动或停止录影。

⑭ 飞行模式切换开关：3 个挡位，依次为 P 模式（定位）、A 模式（姿态）及 S 模式（运动）。

a. P 模式（定位）：使用 GPS 模块和前视、下视视觉系统以实现飞行器精确悬停、指点飞行及高级模式等功能。P 模式下，当 GPS 信号良好时，可利用 GPS 精准定位；当 GPS 信号欠佳，光照条件满足视觉系统需求时，可利用视觉系统定位；当 GPS 信号欠佳且光照条件不满足视觉系统需求时，飞行器不能精确悬停，仅提供姿态增稳，并且不支持智能飞行功能。

b. A 模式（姿态）：不使用 GPS 模块与视觉系统进行定位，仅提供姿态增稳，若 GPS 信号良好可实现返航。A 模式下不支持地面站及高级模式功能。

c. S 模式（运动）：使用 GPS 模块以实现精确悬停。飞行器操控感度经过调整，最大飞行速度将会提升。当选择使用 S 模式时，前视视觉系统将自动关闭，飞行器无法自行避障。S 模式下不支持地面站及高级模式功能。

⑮ 拍照按键：实现拍照功能（包括录制视频过程中的单张拍照）。

⑯ 急停按键：使飞行器紧急刹车并原地悬停（当 GPS 模块或视觉系统生效时）。

⑰ Micro USB 接口：用于遥控器的固件升级。

⑱ CAN-BUS 扩展接口：预留扩展接口。

⑲ HDMI A 口（视频输出接口）：输出 HDMI 信号至 HDMI 显示器。

⑳ USB 接口：用于连接移动设备以运行 DJI GO 4 App。

㉑ Cl 按键：自定义功能按键 1，可在 DJI GO 4 App 中设置。

㉒ C2 按键：自定义功能按键 2，可在 DJI GO 4 App 中设置。

3. 标靶设置

一般倾斜摄影获取图像建模是不需要设置标靶的，但是当对倾斜摄影建模精度要求比较高时，或者需要在 ContextCapture Master 等软件中与地面三维激光扫描技术结合时，就需要与公共点坐标进行匹配。

在地面三维激光扫描和无人机倾斜摄影共同作业时，地面三维激光扫描通常需要设置标靶球。标靶球一般采用高强度 PVC 材料（防雨、防磨、防摔，表面涂有特殊的涂剂），可以使三维激光扫描仪以更远的距离进行坐标点的采集。而无人机倾斜摄影一般采用标靶纸定位，标靶纸的规格一般为 A4 纸大小，可以直接用打印机打印出来，固定在地面上。

传统的拍摄及扫描作业包括以下几步：①先在地面上找点，用全站仪或者 RTK 把该点的坐标测绘出来；②在这个点上贴标靶纸（标靶纸的中心跟点位中心要求重合），无人机作业（拍摄建筑的顶部图像）；③将标靶球放在标靶纸的正中间，用三维激光扫描仪扫描建筑的侧面；④用专业软件合成无人机倾斜摄影及三维激光扫描数据，生成建筑模型。

采用传统的作业方式存在以下几点不足：①标靶纸在粘贴时一般很难跟钉的点准确对位，另外风吹点位容易移动，会致使扫描工作前功尽弃；②全站仪打坐标时，棱镜对中杆底部与点位需要重叠，操作难度很大，误差不可避免；③标靶球的中心与点位中心难以对准。

本书编写课题组针对现有技术的不足，发明设计了一种标靶纸固定及标靶球中心与标靶纸中心重叠的无人机倾斜摄影及三维激光扫描共用标靶架（图 3-19）。

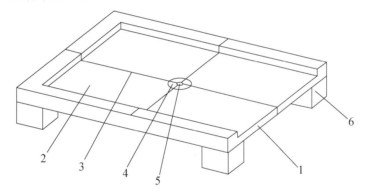

1—架体；2—定位槽；3—十字定位线；4—定位圈；5—重点；6—支腿

图 3-19　无人机倾斜摄影及三维激光扫描共用标靶架

如图 3-19 所示，该标靶架架体上开设有与标靶纸相适配的定位槽，定位槽的中心处设有重点，该重点可固定全站仪或 RTK 的对中杆，以及固定标靶纸或标靶球，如图 3-20 所示。

通过无人机倾斜摄影及三维激光扫描共用标靶架，可以较为方便地固定全站仪或 RTK 对中杆、标靶纸及标靶球，避免在更换过程中出现对中不准的现象。

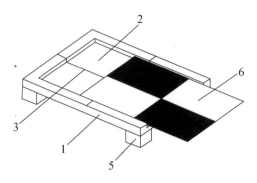

(a) 固定标靶纸

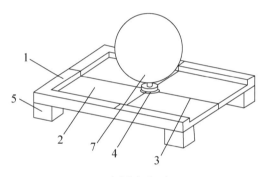

(b) 固定标靶球

1—架体；2—定位槽；3—十字定位线；
4—定位圈；5—支腿；6—标靶纸；7—标靶球

图 3-20　标靶架使用方式

3.2.2　外业

1. 基础飞行

无人机安装准备完成后，先进行飞行培训或训练，如使用 DJI GO 4 App 模拟器自行或由专业人士指导进行飞行练习。飞行时应选择合适的飞行环境或使用新手模式飞行。飞行器飞行限高 500m，请勿超过安全飞行高度。

（1）根据官方使用说明，无人机飞行环境要求如下。

① 恶劣天气下请勿飞行，如大风（风速五级及以上）、下雪、下雨、有雾天气等。

② 选择开阔、周围无高大建筑物的场所作为飞行场地。大量使用钢筋的建筑物会影响指南针工作，而且会遮挡 GPS 信号，导致飞行器定位效果变差甚至无法定位。

③ 飞行时，应保持在视线内控制，远离障碍物、人群、水面等。

④ 请勿在有高压线、通信基站或发射塔等区域飞行，以免遥控器受到干扰。

⑤ 高海拔地区由于环境因素会导致飞行器电池及动力系统性能下降，飞行性能将会受到影响，请谨慎飞行。

（2）飞行前应当检查以下各项，否则将导致飞行事故。

① 遥控器、智能飞行电池及移动设备是否电量充足。

② 螺旋桨是否正确安装。

③ 确保已插入 Micro SD 卡。如果使用 DJI CINESSD 高速存储卡，请确保正确插入。

④ 电源开启后相机和云台是否正常工作。

⑤ 开机后电机是否能正常启动。

⑥ DJI GO 4 App 是否正常运行。

⑦ 确保摄像头及红外感知模块保护玻璃片清洁。

（3）指南针校准。

依据 DJI GO 4 App 或飞行器状态指示灯的提示进行指南针校准。校准过程中应注意：勿在强磁场区域或大块金属附近校准，如磁矿、停车场、带有地下钢筋的建筑区域等；校准时请勿随身携带铁磁物质如手机等；指南针校准成功后，将飞行器放回地面时，如果受到磁场干扰，DJI GO 4 App 会显示处理方法，请按显示处置方法进行相应操作。

具体校准步骤如下。

① 进入 DJI GO 4 App 相机界面，单击正上方的飞行状态指示栏，在列表中选择指南针校准。飞行器状态指示灯黄灯常亮代表指南针校准程序启动。

② 将飞行器水平旋转 360°，然后使飞行器机头朝下，竖向旋转 360°，如图 3-21 所示，飞行器状态指示灯显示绿灯常亮，表示校准成功。完成校准后，若飞行器状态指示灯显示红灯闪烁，表示校准失败，需重新校准指南针；若飞行器状态指示灯显示红灯与黄灯交替闪烁，则表示受到干扰，需更换校准场地。

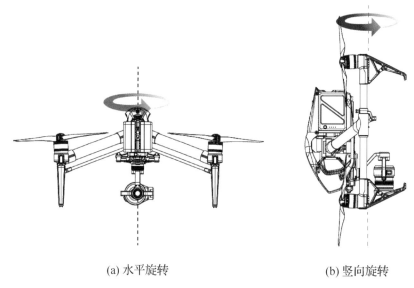

(a) 水平旋转　　　　　　　　　(b) 竖向旋转

图 3-21　飞行器指南针校准示意

（4）自动起飞。

飞行器状态指示灯显示绿灯慢闪或双闪后，用户可选择使用自动起飞功能。具体操作如下。

① 打开 DJI GO 4 App，进入相机界面。

② 单击界面图标✈，确认安全起飞条件，向右滑动按钮确定起飞。此时飞行器将自动起飞，在离地面 1.2m 处悬停。

（5）自动降落。

飞行器状态指示灯显示绿灯慢闪或双闪后，用户可选择使用自动降落功能。具体操作如下。

① 单击界面图标✈，确认安全降落条件。

② 向右滑动按钮确定即可进入自动降落。

在飞行器下降过程中，可以通过单击屏幕的 ⊗ 按钮随时退出自动降落过程。

若飞行器降落保护功能正常且检测到地面可降落，飞行器将直接降落；若飞行器降落保护功能正常但检测到地面不可降落，则飞行器悬停，等待用户操作；若飞行器降落保护功能不正常，则下降到离地面 0.5m 时，DJI GO 4 App 将提示用户是否需要继续降落，单击确认后飞行器将继续下降。

（6）手动启动/停止电机。

当直接推动油门杆无法启动或停止电机时，执行图 3-22 中两种操作方式中的任何一种均可启动电机。

(a) 操作方式一　　　　　　　　(b) 操作方式二

图 3-22　启动电机操作示意

电机启动后，有两种停止电机的操作方式，如图 3-23 所示，具体操作如下。

① 操作方式一：飞行器着地之后，先将油门杆推到最低位置，然后执行掰杆动作，电机将立即停止，停止后松开摇杆。

② 操作方式二：飞行器着地之后，将油门杆推到最低位置并保持，3s 后电机停止。

　　　或　　　　

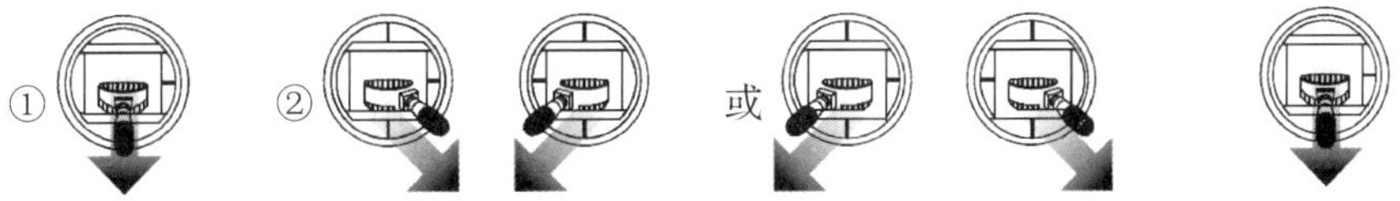

(a) 操作方式一　　　　　　　　　　　　(b) 操作方式二

图 3-23　停止电机操作示意

2. 初步飞行测试

在执行飞行任务前，一般需进行初步飞行测试，初步飞行测试通常包括以下内容。

（1）等待 GPS 信号。将飞行器放置到空旷场地，操作者面朝机尾，飞行器距离操作者及其他人员约 3m。等待飞行控制系统搜索到大于 6 颗 GPS 卫星，此时 LED 指示灯红灯常亮或者不闪烁。

（2）系统预热。当冬季及气温较低时，应等待系统运行 2～3min后，再进行下一步起飞操作。因为气温过低会造成电池性能下降，可能造成飞行器供电不足。

（3）起飞飞行器。执行图 3-22 所示掰杆动作，启动电机后横滚杆、俯仰杆和偏航杆立刻回中，同时推动油门杆离开最低位置，起飞飞行器。

注意：在起飞时应注意地面横风的影响，风速过大时应停止起飞操作，否则会造成飞行器倾倒触地或造成起飞事故。

（4）在飞行过程中用摇杆适当调整飞行器的运动状态，具体可参照前述表 3-1。

（5）悬停。在 GPS 模式下，当达到希望的高度后，保持油门杆、横滚杆、俯仰杆、尾舵杆处于中位，飞行器即可处于悬停状态。

（6）降落。飞行器降落时要控制下降速度，最好是缓慢下降，防止飞行器落地速度过快而撞击损坏飞行器。

（7）查看飞行状态指示灯。起飞及飞行过程中可能出现指示不同飞行状态的灯光亮起，各种指示灯的意义可参考飞行器说明书。

3. 倾斜影像采集方式

图像精度越高，三维效果越好。飞得越低，图像分辨率越高，电荷耦合器件（Charge-Coupled Device，CCD）幅面越大，自然获取的三维结果越好；同时，图像的三维效果比视频要好。飞机要保持移动，切忌定点转动相机，要想像拍摄全景图一样拍摄单独一组图像，一定要移动飞机拍摄多组图像。图像之间的重叠度要大，70%是基本要求，80%～85%最佳，90%以上反而会降低图像的利用率。

倾斜摄影测量有两种基本拍摄方法，绝大多数的场景均可通过这两种拍摄方法灵活组合来完成拍摄。这两种拍摄方法分别是折线飞行采集影像和环绕飞行采集影像。

（1）折线飞行采集影像。

折线飞行采集影像，顾名思义，就是让飞机走"之"字形的路径，扫描整个要拍摄的区域，如图 3-24 所示。这种拍摄方法比较适合拍摄大面积的场景。在拍摄过程中除了让相机垂直于地面拍摄图像外，还需要让相机倾斜至与垂直方向成 30°～40°，并且在东、南、西、北 4 个方向上拍摄倾斜图像。

图 3-24　折线飞行采集影像

（2）环绕飞行采集影像。

环绕飞行采集影像，就是绕着目标测物进行环形飞行，并让相机对准目标测物进行拍摄，如图 3-25 所示。这种拍摄方法特别适合拍摄单栋建筑物或者标志物，其三维重建效果好，同时所需的图像也很少，非常经济实用。如果建筑物比较高大，还可以采取多层环绕拍摄，以保证楼顶和楼底都能被高精度的图像覆盖。

这两种拍摄方法各有其优缺点，在实际使用中可灵活应用，以达到更佳的效果。在图 3-26 所示的案例中，先采用折线飞行覆盖大面积的场景，再采用环绕飞行重点拍摄主要建筑，使得图像在大环境呈现出来的基础上，重点建筑放大观看依旧精细。

图 3-25　环绕飞行采集影像

(a) 建模实景

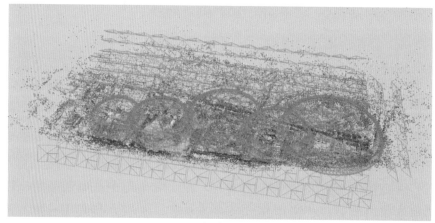

(b) 飞行线路示意

图 3-26　多种拍摄方式建模效果

地面精度主要衡量标准是地面采样距离（Ground Sampling Distance，GSD），其单位是厘米/像素。对于同一款相机，飞行高度越低，地面精度越高，三维重建的结果就越细致。有时候，为了对局部进行更精细的建模，可采用低空飞行的方法。

在图 3-27 所示的案例中，拍摄者在进行完大面积的拍摄之后，又对部分区域进行了低空飞行补拍，以此来增加局部区域内的模型精度。

图 3-27　低空飞行图像采集

3.2.3　DJI GS Pro 配合无人机倾斜影像采集

DJI GS Pro 是深圳市大疆创新科技有限公司专为行业应用领域设计的 iPad 应用程序，可创建多种类型的任务，控制飞行器按照规划航线自主飞行。DJI GS Pro 适用于 iPad 全系列产品及大疆多款飞行器、飞控系统及相机等设备，可广泛应用于航拍摄影、安防巡检、线路设备巡检、农业植保、气象探测、灾害监测、地图测绘、地质勘探等方面。本项目将采用此 App 设计飞行航线，并将其应用于倾斜摄影图像采集。

1. DJI GS Pro 安装与概述

（1）下载 DJI GS Pro。

在 App Store 中搜索"DJI GS Pro"，下载并安装应用程序。首次使用 DJI GS Pro 时需将 iPad 连接至互联网，以激活应用程序。配合未激活的大疆设备使用时，按照设备要求的方式进行激活。

对于本书介绍的大疆 Inspire 2 系列无人机，确保飞行模式开关处于 P 挡，然后按照连接 DJI GO 或 DJI GO 4 App 的方法连接至 DJI GS Pro。

（2）软件主界面。

软件主界面如图 3-28 所示，为方便读者使用，现对软件主界面的主要内容介绍如下。

图 3-28　DJI GS Pro 软件主界面

① 返回：单击返回主界面。

② 飞行器连接状态：显示飞行器连接状态。

③ 飞行模式：显示当前飞行模式。

④ GNSS 信号强度：显示当前 GNSS 信号强度及获取卫星数。

⑤ 遥控器链路信号质量：显示遥控器与飞行器之间遥控信号的质量情况。

⑥ 相机型号：显示当前所使用的相机型号及相机图传信号质量。

⑦ 电池电量进度条：实时显示当前飞行器电池剩余可飞行时间，红色区间表示严重低电量状态。

⑧ 飞行器电量：显示当前智能飞行电池电量及电压。

⑨ iPad 电量：显示当前 iPad 设备剩余电量。

⑩ 通用设置：单击可校准指南针、设置摇杆模式及参数单位、购买进阶功能、显示 WGS84 坐标值选项、查看帮助文档等。

⑪ 准备起飞/暂停任务/继续任务。

准备起飞：任务参数设置完成后，单击可进入飞行前检查列表，可以进行各项检查。

暂停任务：执行任务过程中，单击可暂停任务，并弹出菜单选项，选择暂停后的操作。

继续任务：暂停任务后，再次进入编辑状态，单击此按钮，可以选择继续执行任务。

⑫ 比例尺：显示当前地图比例尺。

⑬ 2D 开关：在除导航窗格的地图标以外的界面，均会显示此开关。将文件导入 DJI GS Pro 并生成地图后，若将地图中的图形文件设置为"始终显示"，则打开/关闭此开关时，屏幕上会始终显示/不显示所选文件对应的图形。

⑭ 定位：单击可使当前地图显示以 iPad 定位位置为中心。

⑮ 地图模式：单击可切换地图模式，包括数字地图、卫星地图、混合模式地图。

⑯ 旋转锁定：默认为锁定状态，即地图视角不会随 iPad 转动，以上方为正北方向。在编辑状态下，可以使用此按钮。单击按钮解除锁定，则地图视角会随 iPad 转动，再次单击可回到锁定状态。

⑰ 导航窗格：导航窗格包含"任务""文件管理器"和"地图"3 个标签，单击右侧箭头可收起/展开导航窗格。"任务"标签显示已

创建的任务，单击可选择任务；向左滑动任意任务，出现复制/删除任务选项，可进行相应的操作。"文件管理器"标签显示已经导入的文件或者文件夹，单击"启动文件夹导入"，可将 KML、SHP 等文件导入 DJI GS Pro。"地图"标签显示已经导入的文件所生成的地图，文件导入文件管理器后，可以通过文件生成地图。

⑱ 参数预览与设置：在任务列表中选择任务，屏幕右侧将出现此菜单。对于个人空间的任务，此处仅显示"我的参数"标签。对于团队空间的任务，此处显示"我的参数"和"首选参数"标签。

我的参数：查看该任务当前的参数设置。对于团队空间的任务，若云端存有其他成员设置的参数，则可单击"显示其他成员参数"进行查看。查看其他成员参数时，可单击相应按钮直接使用其参数。

首选参数：若此任务设置了首选参数，则可在此预览，单击相应按钮可直接使用首选参数。

⑲ 执行任务：在任务列表中选择任务，然后单击此按钮可进入准备起飞列表，完成各项检查后可执行任务。

⑳ 编辑任务：在任务列表中选择任务，然后单击此按钮，可以进入任务参数设置页面。

㉑ 新建飞行任务：单击按钮可新建飞行任务，然后选择任务类型及定点方式，具体操作详见后文"创建任务"。

㉒ 飞行状态参数及相机预览：单击显示飞行状态参数和相机预览界面，相机的具体设置将在后面详细介绍。

（3）任务模式。

软件为用户提供了 4 种任务模式，用户可根据实际需要选择不同的任务模式，现对这 4 种任务模式做简要介绍。

① 虚拟护栏。虚拟护栏功能可以在手动农药喷洒、初学者试飞、手动飞行等操作情形中保证飞行器的安全——通过虚拟护栏功能设定一个安全的指定飞行区域，当飞行器在区域内逐渐接近边界位置

时，就会减速制动并悬停，令飞行器不飞出飞行区域，从而保证飞行安全。

② 测绘航拍区域模式。根据设定的飞行区域及相机参数等，自动规划飞行航线，执行航拍任务。用户将拍摄得到的照片导入 PC 端 3D 重建软件，可生成航拍区域的 3D 地图。

③ 测绘航拍环绕模式。可以协助获取建筑物、雕塑等单体建筑物的 3D 视图。其参数设置与测绘航拍区域模式大致相同，飞行区域、飞行动作及参数、照片的重叠率等可以根据需求进行设定。

④ 航点飞行。用户可通过 DJI GS Pro 设定多个飞行航点，并且为每个航点添加一系列航点动作。

其中测绘航拍区域模式和测绘航拍环绕模式是倾斜摄影采集图像最常用的两种模式。

2. 创建飞行任务

在创建飞行任务时可以通过导入 KML/SHP 文件，生成地图，然后根据文件创建任务（测绘航拍环绕模式除外）及通过地图选点/飞行器定点直接创建任务这两种方式来进行任务的创建。

（1）通过文件创建任务。

目前支持的文件类型包括 KML、SHP、KMZ、ZIP 4 种格式。直接打开 iPad 中的文件时，软件会自动将 KMZ 和 ZIP 文件进行解压缩。通过服务器上传的文件，仅支持 KML 格式和 SHP 格式。在这些文件中，软件支持多边形、多段线、点 3 种图形类型，点类图形无法生成飞行任务，但是可以作为设置地面控制点的参考显示。上述文件类型中目前仅支持 WGS84 坐标系，SHP 格式文件还不支持自定义投影坐标的转换。

① 导入文件。

建立完成上述文件后，可以在"文件管理器"中进行导入操作。单击导航窗格的"文件管理器"→"启动文件导入"，界面将弹出窗口提示，将提示中的网络服务器 IP 地址输到计算机浏览器地址栏，在打开的页面中上传 KML/SHP 文件。上传成功后，单击 DJI GS Pro 弹出窗口的"上载完成"，文件将会显示在"文件管理器"中，左滑可进行删除操作。在进行导入的过程中，iPad 和计算机必须连接到同一局域网中，否则无法打开网络服务器，单击"上载完成"后将无法继续在计算机上使用网络服务器，而需要在软件中再次单击"启动文件导入"方可启动服务器。

在不满足上述网络的条件下，可以通过 iPad 的浏览器、邮件等应用程序下载 KML/SHP/KMZ/ZIP 文件，打开时可以根据提示导入 DJI GS Pro 中。若文件格式为 KMZ 或 ZIP，则 DJI GS Pro 会自动将文件解压缩至相应的文件夹，同时会显示在"文件管理器"中。

② 生成与管理地图。

进入"文件管理器"，左滑需要生成地图的 KML/SHP 文件，单击"导入"，软件将进行自动解析，使用其中包含的图形信息生成地图。

在导入成功后，"地图"标签将显示一个红点，单击进入可以看到每个 KML/SHP 文件会生成一组地图，单击可展开或收起。

地图分为多边形、多段线、点 3 类图形文件，单击图形文件，可以在屏幕上显示其对应的图形。左滑可以选择"新建任务""始终显示"和"删除"操作。长按可以进入多选模式，可以对多个地图文件进行相应操作。

若将图形文件设置为"始终显示"，则在"地图"标签查看地图时，屏幕上会始终显示所选文件对应的图形。在"地图"标签以外的界面，可使用界面右侧的 2D 开关选择开启/关闭这些图形的显示。

③ 创建任务。

在"地图"标签中，左滑所需的图形文件（点类型除外），单击"新建任务"，选择虚拟护栏、测绘航拍区域模式、测绘航拍环绕模式、航点飞行这几种任务模式中所需的任务类型。不同的图形文件可选的任务类型是不同的，多边形可以选择虚拟护栏和测绘航拍区域模式，多段线可以选择航点飞行模式。

屏幕上显示图形文件数据所形成的区域或者航线。单击区域顶点或者航点可以选择该点，点被选中时呈蓝色，未被选中时呈白色。选中点后可以进行拖动以改变区域形状或者航线走向，直接拖动 ⁺ 可增加点，单击参数设置页面左下角的 🗑 可以删除点。

在规划好航线后，在参数列表中逐项进行设置，设置完成后单击左上角的"保存"按钮，即完成任务的创建（具体参数设置将在"测绘航拍模式参数设置"中进行详细介绍）。

（2）通过地图选点/飞行器定点直接创建任务。

在 DJI GS Pro 上也可以直接通过单击屏幕进行地图选点或使用飞行器定点的方式设置飞行区域或路线。

① 新建飞行任务。

单击主界面左下角的新建飞行计划按钮 ⊕。

② 选择任务类型。

根据实际需要选择任务类型，不同任务的图标显示是不同的，具体见图 3-29。

(a) 二维地图合成　　(b) 虚拟护栏　　(c) 测绘航拍区域

(d) 测绘航拍环绕　　(e) 航点飞行

图 3-29　任务模式图标

③ 选择定点方式。

可以通过以下几种方式设置虚拟护栏/测绘航拍区域模式的飞行区域顶点、测绘航拍环绕模式的建筑物半径和飞行半径，或者航点飞行的航点。定点后，所生成的航线中最多包含 99 个航点，多于 99 个航点将无法执行任务。

地图选点是通过单击屏幕，在地图上直接设定区域的顶点、飞行航点或所环绕的建筑物的中心。初始时在地图上单击所需飞行位置后，软件将按照不同任务类型在该位置生成相应区域或者航点。虚拟护栏/测绘航拍区域模式对应一个四边形飞行区域；航点飞行则对应一个航点。单击区域顶点或者航点可以选中该点，点被选中时呈蓝色，未被选中时呈白色。选中点后可以进行拖动，以改变区域形状或者航线走向，直接拖动 ⊕ 可增加点，单击参数设置页面左下角的 🗑 可以删除点。测绘航拍环绕模式，对应两个以点击位置为圆心的同心圆，黑色表示建筑物半径所形成的圆，蓝色表示飞行半径所形成的圆。拖动中间的 ✛ 可改变圆心位置，拖动两个圆周上的白点可改变相应的半径。

飞行器定点是将飞行器飞至所需位置，使用飞行器的位置来设定区域顶点、飞行航点、建筑物半径和飞行半径。对于测绘航拍环绕模式，一次将飞行器飞至建筑物外围若干位置，单击图标进行定点，需要至少存在两个点才可以形成一个圆形，以确定建筑物的中心位置及半径；建筑物半径确定后，单击 ⬤，然后将飞行器飞至所需位置，单击 ⬚ 确定飞行半径。对于其他类型任务，单击图标将飞行器当前位置作为顶点或航点。

对所定点位不满意或者需要修改可以单击 ↻，删除已设置的点。当所有点位设置完成后，单击 ⬤ 即可完成任务创建。

只有在创建航点飞行任务时，才可以采用通过飞行器定点并记录高度这种方式来设置航点，步骤与飞行器定点相同，但是在设置航点时将同时记录飞行器位置和高度信息，在执行任务时将按照飞行器顶点位置和顶点高度进行飞行。

3. 测绘航拍模式参数设置

前面详细介绍了如何创建飞行任务和系统支持的任务类型，在创建飞行任务的过程中，另一项重要的任务就是进行飞行参数、相机参数等参数的设置。该部分将根据不同的任务类型介绍可以设置的参数。

测绘航拍区域模式与测绘航拍环绕模式的设置内容基本相同，个别不同设置将会在书中明确提出，未说明处默认两者设置内容一致。

（1）基础设置。

图 3-30 所示为测绘航拍区域模式与测绘航拍环绕模式的基础设置界面。

(a)测绘航拍区域模式　　　　　(b)测绘航拍环绕模式

图 3-30　基础设置界面

① 相机型号。

必须根据使用的相机及镜头正确设置相机参数，以便程序计算出最优航线。App 已内置了部分相机型号，单击"选择"即可。

如使用的相机未定义，则可采用自定义相机方式，单击"新建自定义相机"，按照所用相机及镜头设置参数，其中畸变参数不明的情况应输入"1"，然后单击"添加相机"。

② 相机朝向。

选择在航线上飞行时相机的横竖方向。

主航线：指测绘航拍区域模式任务中，飞行时需要进行拍照的航线。

平行于主航线：相机与主航线平行，即相机平移轴与主航线一致，同一条主航线上拍摄的照片将会如图 3-31（a）所示排列。

垂直于主航线：相机与主航线垂直，即相机平移轴与主航线垂直，同一条主航线上拍摄的照片将会如图 3-31（b）所示排列。

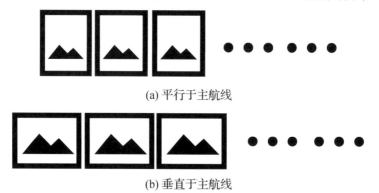

(a) 平行于主航线

(b) 垂直于主航线

图 3-31 图片排列方式

③ 拍照模式。

航点悬停拍照：程序按照设置的参数计算出航线及航点数，执行任务时，将在每个航点处悬停并拍照。该模式下拍摄比较稳定，但拍摄时间长，且航点通常较多，会增加任务执行时间。倾斜摄影采集图像一般不使用该方式。

等时间隔拍照：在主航线上飞行的同时，按照一定的时间间隔进行拍照，拍照时飞行器并不悬停，时间间隔根据所设重复率等参数自动设置，飞行速度将根据飞行器和相机特性及所设飞行高度/分辨率自动设置。该模式下任务执行速度较快，但要求相机快门曝光时间较短。

等距间隔拍照：在主航线上飞行的同时，按照一定的飞行间距进行拍照，拍照时飞行器并不悬停，距离间隔根据所设重复率等参数自动设置，飞行速度将根据飞行器和相机特性及所设飞行高度/分辨率自动设置。该模式下任务执行速度较快，但要求相机快门曝光时间较短。

④ 航线生成模式。

扫描模式：以逐行扫描的方式生成航线，对于凹多边形区域，航线有可能超出区域边界线。

区内模式：生成的航线会保持在设定区域的内部，对于凸多边形区域，生成的航线与扫描模式相同；对于凹多边形区域，生成航线时将进行路线优化，确保以最优航线完成所有拍摄任务，因此航线可能存在交叉。

在测绘航拍环绕模式下，可以选择纵向模式或者环绕模式。所谓纵向模式，即生成航线为上下飞行的"之"字形路线，纵向的路线为主航线，每拍摄完一条主航线，飞行器会以直行的方式移动到下一条主航线继续拍摄。所谓环绕模式，即生成航线为不同高度上的环形路线。每个高度上的环形路线为主航线，飞行器会以由高到低的顺序，在每一个高度的主航线上拍摄一周。每拍摄完一条主航线，飞行器会以原地下降的方式移动到下一条主航线继续拍摄任务。

⑤ 飞行速度。

设置飞行器匀速飞行时的速度，仅在航点悬停拍照模式下有效。默认 5m/s，可设定范围为 1～15m/s。在等时/等距间隔拍照模式下，飞行速度会根据其他参数值自动设置，无法手动更改。

⑥ 拍照间隔。

当拍照模式设置为等时/等距间隔拍照时，可以在此设置拍照的时间间隔。若设置时出现错误，则可以根据提示内容进行相应修改。

⑦ 飞行高度。

设置飞行高度，并同时显示与之相对应的地面分辨率。默认50m，可设范围为 5～500m。

⑧ 飞行半径和建筑物半径（仅在环绕模式下设置）。

调节飞行半径和建筑物半径，并同时显示与之相对应的分辨率，飞行半径最大为 500m，建筑物半径最小为 1m。

⑨ 最低高度和最大高度（仅在环绕模式下设置）。

设置飞行的最大高度和最低高度，生成的航线将在此高度范围内，最小为 1m，最大为 500m。

（2）高级设置。

图 3-32 所示为测绘航拍区域模式与测绘航拍环绕模式的高级设置界面。

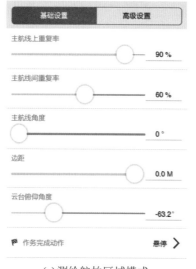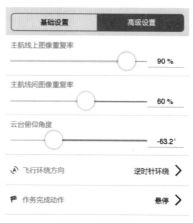

(a)测绘航拍区域模式   (b)测绘航拍环绕模式

图 3-32　高级设置界面

① 主航线上重复率。

主航线上重复率是指每条主航线上相邻两张照片之间的重复率。默认为90%，可设范围为10%～99%。

② 主航线间重复率。

主航线间重复率是指相邻两条主航线上照片之间的重复率。默认为60%，可设范围为10%～99%。

③ 主航线角度。

主航线角度是指主航线生成的方向。以正东方向为0°，逆时针为正，可设范围为0°～360°。

④ 边距（仅在测绘航拍区域模式下设置）。

对于已设定的任务区域，可以通过拓宽（正值）或者收缩（负值）边距进一步限定飞行器的飞行区域。航线生成模式为扫描模式时，可设边距范围为-30～30m；为区内模式时，可设边距范围为-30～0m。

⑤ 云台俯仰角度。

云台俯仰角度是指飞行器在该航点上云台的俯仰角度，可设范围为-90°～0°。-90°时相机朝下，0°时相机朝前。

对于测绘航拍区域模式，航线会根据所设定的云台俯仰角度值整体向飞行器后方移动一定距离，并根据云台俯仰角度自行计算，从而保证相机始终对准所设定区域。当云台俯仰角度超过-45°时，偏移量会保持-45°时的距离，不会继续增大。

⑥ 任务完成动作。

任务完成动作是指飞行任务完成时飞行器所执行的动作。

自动返航：单击进入，可设置返航高度。当执行任务时的飞行高度高于设定的返航高度时，任务完成后将直接以当前飞行高度自动返航。当飞行高度低于设定的返航高度时，任务完成后将先上升至设定的返航高度，再飞回返航点。返航高度默认为 50m，可设范围为20～150m。

悬停：任务完成后将悬停在最后的航点处，用户可进行后续的飞行控制。

自动降落：任务完成后将在最后的航点处自动下降至地面并自行关闭电机。

⑦ 飞行环绕方向（仅在环绕模式下设置）。

飞行环绕方向是指执行任务过程中环绕建筑物的方向，可选择顺时针或者逆时针。

在测绘航拍环绕模式时，应当格外注意飞行及拍摄的安全问题。

在环绕模式下使用悬停拍照方式，或在纵向模式下使用任意拍照方式进行拍照，飞行器会以直行的方式在拍摄点间移动，飞行器与待摄目标之间的实际距离可能会小于设定的飞行半径。而在等时/等距间隔拍照模式下，飞行器沿抛物线飞行时，有可能会超出设定半径，因此在飞行时应确保飞行路线周围足够空旷，避免发生碰撞风险。此外，在环绕模式下，飞行器会多次飞至待摄目标的背部区域，为确保飞行器不因信号中断失去联系而发生危险状况，在实际飞行时，飞行控制人员应跟随飞行器移动，以保证信号连接的稳定性。

在纵向模式下，飞行器由于需要多次上下移动，可能会出现电池电量损耗过快的情况。同时，由于飞行器纵向移动速度较慢，拍摄过程可能会较长。

环绕模式和纵向模式下的断点续飞，都是飞行器率先上升至任务中断点等高的位置后，直线飞向断点，继续执行任务。在此过程中，飞行器的高度会根据断点的位置不同而有所差别，因此需要确认飞行器高度及飞行器与周围建筑物相对位置的安全性，避免发生碰撞风险。

第 **4** 章
原始数据处理

■ 此刻，一切完美的事物，无一不是创新的结果。

4.1 激光扫描仪数据初步处理

4.1.1 点云注册和注册扫描的概念

SCENE 是面向专业用户的全方位 3D 点云处理和管理工具。该软件用于查看、管理和处理高分辨率三维激光扫描仪获取的大量三维扫描数据，并提供多种功能和工具，如过滤器、自动对象识别、布置（注册）扫描及自动扫描着色等，能够高效方便地对扫描数据进行处理和管理。同时，SCENE 还提供了相关功能，如简单测量、三维可视化、网格化扫描数据、各种点云和 CAD 格式导出扫描数据等。

扫描点云是扫描数据的一种替代呈现方式，它必须由单个扫描数据创建。扫描点云按空间数据进行组织，有利于快速实现扫描数据的可视化并进行加载。点云注册就是将扫描点记录并保存在扫描仪相关坐标系中。该坐标系的原点位于激光与镜面的交点位置上，坐标是 $x=0$，$y=0$，$z=0$。通常会在扫描空间的不同位置获取多个扫描点云，这些扫描点云都有各自的坐标系，且这些坐标系的原点分布在扫描空间的不同位置，因此需要确定它们之间的空间关系，这便是注册扫描。从基于扫描的坐标系换算成整体坐标系的步骤称为变形。

注册扫描需要设置参考点，参考点的要求是不仅可以确定其基于扫描的坐标，而且还已知其在常规的整体坐标系中的坐标。一次扫描中设置 3 个及以上参考点，则在数学上足以计算变形，得到参考点及所有扫描点在整体坐标系中的坐标，形成扫描项目。

4.1.2　建立群集

群集通常集合了以某种方式归到一起的扫描点云，如在建筑物中相同楼层或相同房间记录的扫描点云。在 SCENE 中建立群集的过程为，单击文件→新建→群集，命名后再拖动扫描点云至相关群集文件夹中，如图 4-1 所示。要在群集中布置扫描，注册扫描命令将仅影响群集中的扫描点云，而不会将群集作为一个整体注册。在"整体"环境中，必须保证群集间有 30%以上的公共区域。如果在点云分析的过程中存在多个子集，单个子集高度准确而子集间的准确度不高，则可以采用多个群集注册。多个群集注册也适合于不同楼层之间的扫描点云。

在注册扫描过程中，如果 SCENE 找不到所有扫描项目之间的空间关系，且相互之间只能注册成组，则可以形成自动群集，如图 4-2 所示。自动群集是一项功能，在注册扫描失败时能够用来帮助了解当前的实际情况。注册实际上可以用来确定哪些扫描项目可以正确对齐，哪些扫描项目无法正确对齐。所有扫描组将自动排列在相应的子群集（名为 Cluster1、Cluster2 等）中。这些自动子群集在空间上是分离的，以便可以在三维视图或在注册和未注册的对应视图中清晰地显示，如图 4-3 所示。通过使用对应视图只需将扫描项目或群集拖动到其正确位置，就可以更快地解决注册问题。

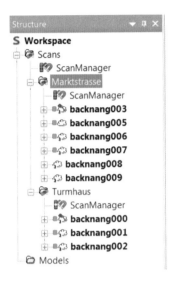

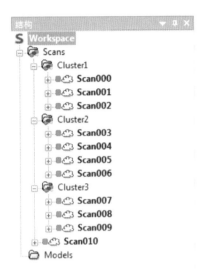

图 4-1　Marktstrasse 和 Turmhaus 群集　　图 4-2　自动群集的结构图

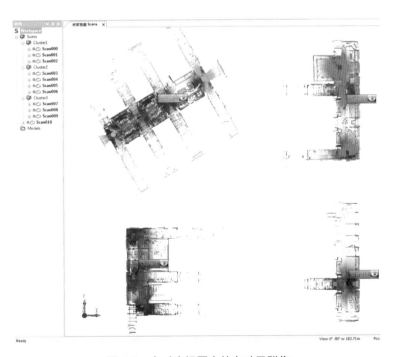

图 4-3　在对应视图中的自动子群集

在布置扫描设置中可以禁用自动群集功能。在相应对话框中，也能够确定自动创建的扫描组彼此之间的间隔距离，如图 4-4 所示。

图 4-4　布置扫描设置

对应视图是一个方便实现粗略注册扫描的工具。此识图设计用于在自动注册扫描失败时手动布置扫描。要打开该视图，可以右键单击 Scans 文件夹，然后选择视图→对应视图，如图 4-5 所示。

在对应视图中，只能选择和操作此文件夹的直接子级（Scans 和 Scans 文件夹），无法对孙级对象进行直接操作，但是可以通过移动整个子文件夹间接操作子文件夹的元素。要想直接操作这些对象，则需要在其直接父级上打开对应视图。此设计可以保持文件夹的内部布置，避免在将群集布置到父级系统时混淆正确注册的子群集。在对应视图中，扫描点以独特的颜色显示，以区分不同的扫描组。

调制器是对应视图的主要工具。利用调制器，可以方便地移动和旋转 Scans 和 Scans 文件夹。可用旋转手柄数取决于是否使用倾角仪。如果禁用倾角仪，则 3 个旋转手柄都可见，并允许绕全部 3 个轴旋转。它由移动手柄（白色）和旋转手柄（蓝色、红色、绿色）两部分组成，如图 4-6 所示。

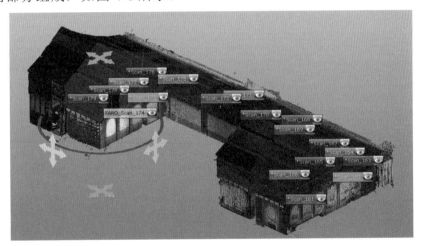

图 4-5　带标签和调制器的对应视图

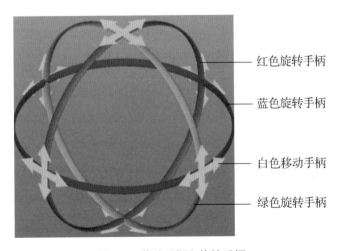

图 4-6　移动手柄和旋转手柄

4.1.3 基于目标的注册

布置扫描之前可以为一个扫描点或者整个扫描项目定义所有布置扫描设置。如果想要定义整个项目的缺省设置，可选择工具→选项→匹配→布置扫描。常规注册设置时，"常规"选项卡包含在扫描项目或群集中注册扫描时所有有效的设置，如图 4-7 所示。

图 4-7　常规注册设置

在基于目标的注册中，可以通过以下方式从扫描数据中提取扫描目标数据。

（1）由 SCENE 自动提取。

（2）使用自动化对象检测。

（3）使用对象标记工具手动提取。

（4）通过选择相关扫描点和执行对象拟合提取。

（5）必须熟悉使用人工目标和自然目标的一些基本原则，遵循基本原则可以改进扫描项目质量和 SCENE 处理，如图 4-8 所示。

图 4-8　在两个对应的扫描中找到的人工目标和自然目标

人工目标是指人工布置的球体、棋盘板或者圆形平面目标。在扫描过程中建议使用球体和棋盘板目标，因为这两种目标在软件中可以通过启用自动对象检测功能进行查找，并且两者可以自动拟合，而圆形平面目标仅在使用对象标记或选择扫描点时方可手动拟合。在使用人工目标的过程中应遵循以下原则。

（1）将人工目标用于非反射表面。

（2）注意扫描仪与人工目标的位置，激光束和人工目标之间的角度不能小于 45°。

（3）人工目标之间的距离不应小于 1m。

（4）当使用 A4 棋盘板目标并以 1/4 的分辨率进行扫描时，人工目标到扫描仪的距离不应超过 15m。可以通过增大人工目标或使用较高分辨率进行扫描来轻松获得较大距离。

同时，因存在不可访问性或潜在危险，可能无法在扫描仪视野内手动布置恰当数量的人工目标。此时，特定形状的自然目标（平面、板条、管道、拐角点或矩形等）在扫描仪多个位置均可见，可在注册扫描时用以代替人工目标。

具备了以上的目标，基于目标的注册才最有效。在软件中右击 Scans 文件夹→操作→注册→布置扫描，在图 4-9 所示对话框的"布置模式"中选择"基于目标"。其中"启用对应搜索"适用于 SCENE 搜索对应开启的情况；"为扫描位置查找对应"适用于扫描位置已知的情况，例如，通过测量的参考点或者参考球体呈现的其他扫描点云中扫描仪的位置；"按手动目标名称强制对应"则适用于图 4-9 所示的情况。通过对应拆分视图，可以看到每个标签上有一小块绿色区域，其中的"C"表示这些对应是自动发现的；标签周围的框表示对应的质量，绿色表示质量好，黄色表示质量欠佳，红色表示质量差。

图 4-9　基于目标注册设置

如图 4-8 所示，强制对应的操作步骤为：选择左侧视图中的第一个对象→选择右侧视图中的对应对象→选择左侧视图中的第二个对象→选择右侧视图中的对应对象，依此类推，最后单击"显示"按钮。

4.1.4　基于俯视图的注册

基于俯视图的注册是 SCENE 的通用工具，可实现大多数注册目的。它不需要目标，并且可以注册大型扫描项目，速度较快，尤其是在临时权宜的群集中布置扫描的情况下。基于俯视图的注册的操作步骤为：右击 Scans 文件夹→操作→注册→布置扫描，在图 4-10 所示对话框中选择"基于俯视图"。

图 4-10　基于俯视图的注册设置

如果倾角数据可用，基于俯视图的注册可不依赖原始扫描仪的位置。如果没有倾角仪数据，则使用其当前的总体位置来确定 Z 轴。二次抽样用来表示均质点密度，对于较大尺寸的扫描点云（如室外扫描），可以拖动滑块选择较高值。可靠性表示基于俯视图注册的正确性，滑块往右拖动，可获取正确率高的结果。

4.1.5　基于云际的注册

使用云际注册的前提条件是预先注册扫描，可使用对应视图、基于俯视图的注册或者在基于传感器数据的注册后进行。图 4-11 所示为基于俯视图的注册和基于云际的注册的扫描之间的区别。基于云际的注册的操作步骤为：右击 Scans 文件夹→操作→注册→布置扫描，在图 4-12 所示对话框的"布置模式"中选择"云际"。

(a)基于俯视图的注册的扫描　　　　　　(b)基于云际的注册的扫描

图 4-11　基于俯视图的注册与基于云际的注册的扫描之间的区别

图 4-12　云际注册设置

4.1.6　点云去噪

在对点云进行云际注册或目标注册后，SCENE 软件即生成点云模型。在点云模型生成后，多余的点云往往会加大后期处理的工作量，因此对点云去噪的处理至关重要。

点云去噪的过程中需要着重注意的问题有以下两个。

（1）点云数量较大，直接在三维视图删除噪点对计算机要求较高。

（2）某些点云模型结构复杂，采用直接选中相关点云并删除的方法不一定能达到预期效果。

使用虚拟扫描结合剪切框裁剪点云视图在点云去噪的过程中起着相当重要的作用。虚拟扫描是利用现有扫描的点云数据创建的。

在创建虚拟扫描后，其获得的结果就像使用三维激光扫描仪记录的点云一样，可以通过快速视图、平面视图和三维视图打开虚拟扫描。

建立虚拟扫描的过程为：在结构视图下右击 Scans 文件夹→操作→点云工具箭头→创建虚拟扫描。如图 4-13 所示为"创建虚拟扫描"对话框。由于剪切框的作用只对虚拟点云有效，所以先要卸载原始点云，接着对虚拟点云进行加载，加载完后，每一站的小图标如图 4-14 所示。

图 4-13 "创建虚拟扫描"对话框

图 4-14 点云图标

剪切框可以方便地选取三维视图中的点云区域，如图 4-15 所示。它可以切断点云，剪除某些特定区域，显示或隐藏点云中的某些点。操作中可以使用两种类型的剪切框：一类是隐藏位于剪切框外的点的剪切框，另一类是显示位于剪切框外的点和隐藏剪切框内的点的剪切框。

打开三维视图后，可以使用多种方法创建剪切框，其中最方便的是在三维视图工具栏中单击"新建剪切框"按钮。其余方法有在"新建剪切框"按钮的下拉菜单中选择"视图中的点确定相关平面"，其中包括点与面的确定、三个点的确定。

(a) 无剪切框三维视图　　　　　　　　(b) 有剪切框三维视图

图 4-15　无剪切框三维视图和有剪切框三维视图

创建剪切框后，软件可以通过旋转、移动或改变大小的方式更改剪切框的变形。操作时在三维视图或结构视图中选择剪切框，将出现一个可执行操作功能的剪切框工具栏，如图 4-16 所示。以下对工具栏中的按钮进行介绍。

图 4-16　剪切框工具栏

·（1）"缩放"按钮 。选择工具栏中的"缩放"按钮以调整剪切框的尺寸。剪切框上会出现控制点，可以调整剪切框尺寸，如图 4-17 所示。

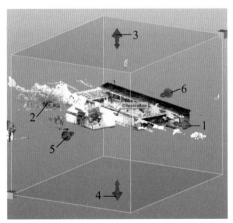

1,2—红色控制点；3,4—蓝色控制点；5,6—绿色控制点

图 4-17　调整剪切框尺寸

拖动任一红色、蓝色或绿色控制点，移动剪切框的对应面，即可调整剪切框的尺寸。拖动各角上的灰色方块可按照一定比例调整剪切框尺寸。拖动任一控制点时，视图中显示的移动长度如图 4-18 所示。

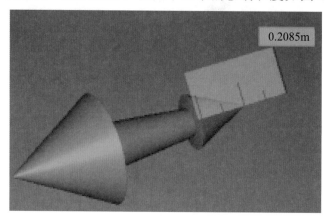

0.2085m

图 4-18　移动长度

（2）"移动"按钮 ✣。选择工具栏中的"移动"按钮以移动剪切框，如图 4-19 所示。

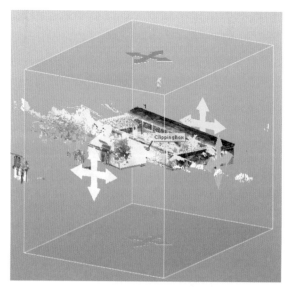

图 4-19　移动剪切框

（3）除了移动和缩放功能外，剪切框还有旋转功能、隐藏和显示点功能，如图 4-20 和图 4-21 所示。

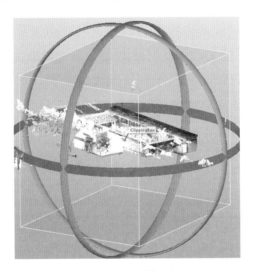

图 4-20　旋转剪切框

(a)外观隐藏

(b)内部隐藏

图 4-21　外观隐藏和内部隐藏

在对扫描点云裁剪完毕后，右击 Scans 文件夹→单击操作→点云工具→卸载扫描点云，最后再次加载原始点云，即可完成对原始点云的去噪。

4.1.7　分析扫描点

建筑物进行修缮时，经常会面临这样的问题：建筑物中是否还有足够的空间来摆放预先安排的机械设备。由于只能在一定程度上依赖建筑物 CAD 模型，因此有时必须到现场检查和测量关键地点。通过扫描实体，可在计算机中轻松地进行查询，例如，这扇门的净空高是多少？这些支撑物之间的距离有多大？

（1）测量距离。

以下介绍两种测量距离的方法，分别是在扫描点之间或在对象（如球体或平面）之间进行测量。

① 点到点测量。单击工具栏中的"测量扫描点之间的距离"，可以测量两个或两个以上点之间的距离。点到点测量可用于平面视图、快速视图和 3D 视图，如图 4-22 所示。

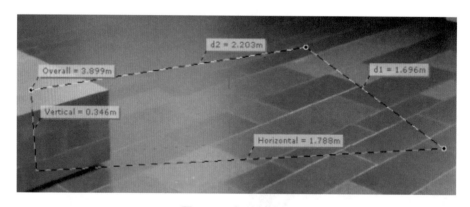

图 4-22　点到点测量

② 对象测量。现场测量中，经常需要测量水平表面之间的距离，如墙面、地面或天花板相互之间的距离。在这种情况下，应通过墙面拟合一个平面，然后测量此平面到另一平面上感兴趣的点的距离。使用平面时，测量会自动垂直于此平面。对象测量可用于平面视图、快速视图、3D 视图及结构视图，如图 4-23 所示。

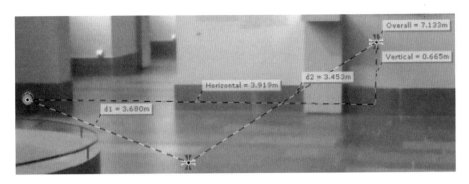

图 4-23　对象测量

（2）显示比例及距离。

除了测量距离的方法，SCENE 还提供了显示比例及距离的工具，允许以自定义的二维栅格在三维视图中显示尺寸和比例。此工具仅适用于三维视图中，栅格由一组可视直线组成，它为距离提供可视参考，可看成二维尺子。在 SCENE 中的任意位置都可以放置栅格，它能够较好地为点云的距离和比例提供参考。图 4-24 所示为三维视图中的常规栅格和极坐标栅格。

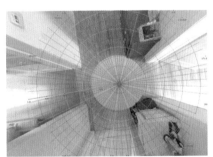

(a)常规栅格　　　　　　　　　　　　(b)极坐标栅格

图 4-24　三维视图中的常规栅格和极坐标栅格

（3）表面分析。

将扫描点拟合到某个平面时，作为结果还会获得拟合的质量标准，此标准提供了扫描点在整个平面上的实际聚合程度的信息，这是 SCENE 的表面分析功能。通过使用质量标准，可查看该平面与建议的平面相比其表面平坦度的颜色表示，如图 4-25 所示。该功能的操作步骤为：选择扫描点区域→选择此平面的上下文菜单中的查看点距离→选定扫描点将变成彩色→使用工具→选项→查看→确定上下阈值→输入应着色范围。

图 4-25　表面分析

4.1.8　坐标拟合

扫描时，扫描仪的位置显示为坐标系的自然原点，因为在记录扫描点云时，点的所有位置规格最初都是相对于扫描仪而记录的，因此将此点基于扫描的坐标描述为本地坐标，相应坐标系描述为本地坐标系。

如果将三维位置中的某扫描点云与另一扫描点云进行比较查看，则本地坐标将不再适用。例如，如果在不同位置记录下两个扫描点云，则每个扫描点云中的点可具有相同的本地坐标，它们与实体匹配，但并不互相匹配。因此应计算扫描点云的整体坐标，将其本地坐标与一个参考点相关联，此点坐标对于所有扫描点云都保持不变。设置参考点还可以便于与使用的其他系统（如 CAD 系统）进行比较。

如果已知本地坐标系和整体坐标系之间的关系，则可使用某点的本地坐标来计算其整体坐标。可通过跟踪使两个坐标系匹配地移动来进行坐标变形，具体有以下两种类型的坐标变形。

（1）如果本地坐标系的原点与整体坐标系的原点不匹配，则必须根据本地坐标系的原点与整体坐标系的原点之间的差异来移动所有的坐标规格。此坐标移动也称为坐标转换，如图 4-26 所示。

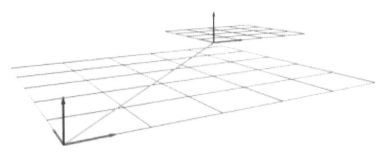

图 4-26　坐标转换

（2）如果本地坐标系与整体坐标系的坐标轴的方向不同，则必须通过坐标旋转使两者匹配，如图 4-27 所示。

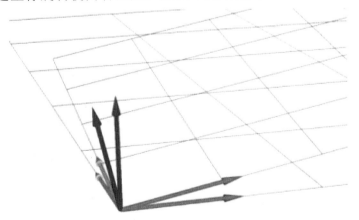

图 4-27　坐标旋转

为了了解扫描点云的坐标变形，我们必须获取其位置和方向。在结构视图中右击 Scans 文件夹，然后在下拉菜单中选择属性，即可查看。当然，不仅可将坐标变形用于本地坐标系，还可使用它来将一个整体坐标系转换到另一个整体坐标系。例如，可将大厅坐标系用作第一坐标系，其原点为大厅的某一拐角处，坐标轴则沿着大厅的墙面方向；在更大的比例下，可定义车间坐标系，其原点为地基的西南角，其坐标轴与罗盘的 4 个点匹配。然后只须描述大厅和车间地基之间的变形，即可自动地在车间坐标系中获取大厅中的所有坐标规格。SCENE 由内而外地按层级结构进行处理：首先将扫描点云的本地坐标转换为大厅坐标，然后将其转换为车间坐标。使用层级变形（图 4-28）时，应注意 Scans 文件夹只存储本地变形，不存储整体变形。

如果已在 Scans 文件夹中添加变形，则会在注册期间使用这些变形。结果可能与设想有所不同：将扫描点云放置在预先变形的整体坐标系上，不包含其他坐标，只有其本地坐标系发生了改变，如图 4-29 所示。

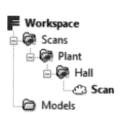

图 4-28　层级变形　　　　　　图 4-29　改变本地坐标系

4.2　摄影数据处理

4.2.1　建模软件介绍

ContextCapture 是一款基于图形处理单元快速三维模型的全自动三维建模软件。它通过摄影原理，可以将多种源数据、分辨率、任意数据的照片转化为高分辨率、带有图像纹理的三维网格模型。具体来说，它通过对获得的倾斜影像、街景数据、拍摄照片等不同源数据进行同点名选取、多视匹配、不规则三角网（Triangulated Irregular Networks，TIN）构建、自动赋予纹理等，最终得到三维模型。该过程仅依靠简单连续的二维图像就能还原出最真实的三维模型，无须人工干预便可完成海量城市模型的批量建模。

ContextCapture 支持多种不同的输入方式和分辨率，能利用多核和多台计算机加速处理生成数据并发布海量数据集。在 City Builder（3D 城市搭建工具）中，由德国 PM 公司生产的逼真、一致的 3D 模型同保留分类和识别的图层以及其他单独建模图层，能够被轻松融合成一个单独的流方式优化的 3D 数据集，可以在 Skyline TerraExplorer 客户端进行浏览和查询。

4.2.2　图像数据准备

在利用 ContextCapture 进行三维建模之前，需要整理原始的影像及定位测姿系统（Position and Orientation Sytem，POS）数据，为导入软件进行后期的处理做好数据准备，包括创建终点站（End Office，EO）文件、xls 格式文件转 xml 格式文件等工作。创建一个空的 Block，通过添加新工作表，为该文件添加以下工作内容，如图 4-30 所示。

图 4-30　输入数据选项

打开 Photos 表，表头分别设置为 Name（分组名）、Width（影响宽度）、Height（影响高度）、Focal Length（相机焦距）、Pixel Size（像素尺寸）等指标，单击对话框中的 Add photos... ▾选项。

进入选项，选择合适的照片。其创建步骤描述如下。

第一步：打开 ContextCapture，开始界面如图 4-31 所示。

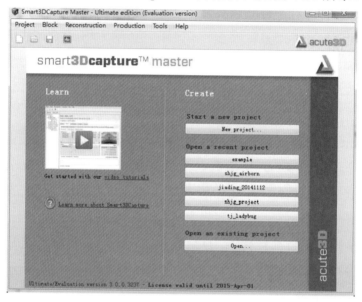

图 4-31　开始界面

第二步：单击 New project 按钮，输入工程名称和路径，如图 4-32 所示。

第三步：建好工程后，进入工程主界面，在界面左侧形成新建区块"Block"，如图 4-33 所示。

第四步：单击 New block 按钮，可以创建一个空的区块，软件主界面显示该区的 General、Photos、Point clouds、Surveys、Additional data 和 3D view 等参数，如图 4-34 所示。

ContextCapture Master

New project
Choose project name and location.

Project name [new project]
Invalid project name or location.

Project location D:/吕府   Browse...

Description

CONNECT project

Associate CONNECT project

☑ Create an empty block

⚠ The directory 'new project' already exists in the
selected location. Please change the project name or
choose another location.

OK   Cancel

图 4-32 创建路径

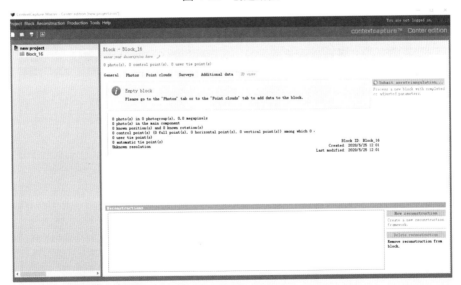

图 4-33 工程主界面

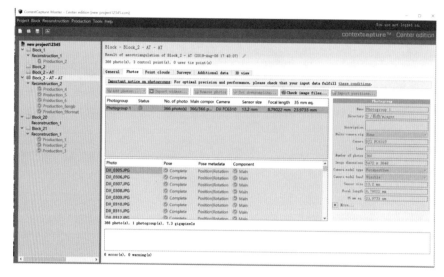

图 4-34　数据导入界面

添加照片后，需要检查照片的完整性（包括照片是否丢失、损坏），单击 Check image files... 按钮，完成照片的检查。

第五步：选择 3D view 选项卡，查看测区 3D 视图，如图 4-35 所示。

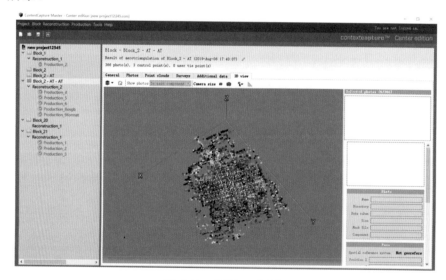

图 4-35　测区 3D 视图

单击每个曝光点的任意一张照片索引图，在右侧显示其缩略图和照片名称、大小、位置等信息。首先检查照片排列是否正确，具体操作是单击每个曝光点的照片，右侧会显示被单击的照片信息，包括预览图、名称等；再查看相邻航带侧视照片飞行方向是否一致，侧视照片飞行方向和下视照片飞行方向是否一致，如图 4-36 所示。

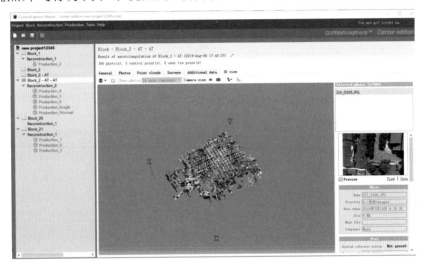

图 4-36 检查飞行方向的一致性

4.2.3 空中三角测量

为了执行三维建模，ContextCapture 必须非常精确地知道每一个输入照片组的属性，以及每一张输入照片的状态。如果用户忽略这些属性，或者用户不知道它们的精确度，ContextCapture 则会自动计算出这些信息。这个运算的过程被称为空中三角测量（Aerotrangulation，AT），或称为航空三角测量，一般也简称空三。以下是空三操作的步骤。

第一步：输入正确的照片信息后，在 Block 的 General 选项卡中提交空三命令，如图 4-37 所示。

第二步：在弹出的 Aerotrangulation definition 对话框中设置空三名称，如图 4-38 所示。

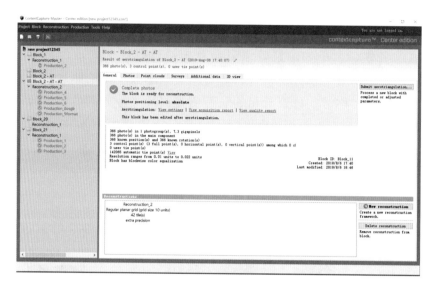

图 4-37　提交空三命令

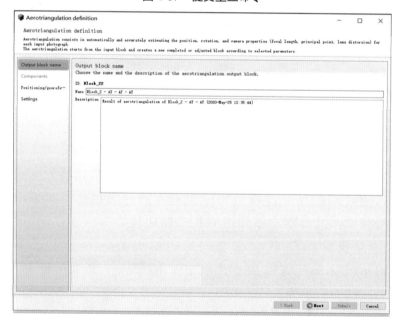

图 4-38　设置空三名称

第三步：输入名称后，单击 Next 按钮弹出窗口界面，设置空三定位、参考方式及其他设置，如图 4-39 和图 4-40 所示。

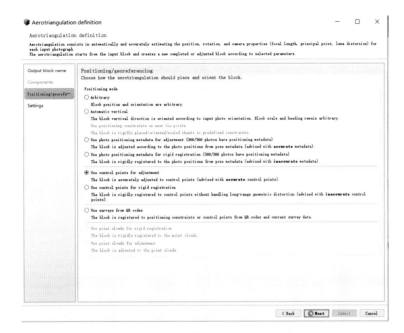

图 4-39 设置空三定位与参考方式

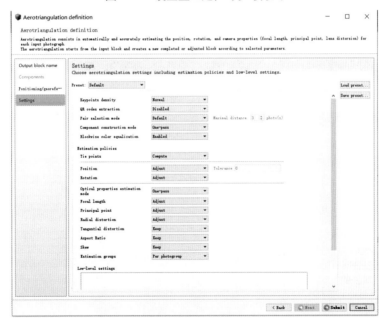

图 4-40 其他设置

第四步：进入空三程序，处理空三进度，如图 4-41 所示。

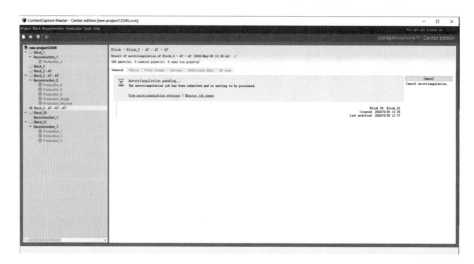

图 4-41　处理空三进度

第五步：打开 ContextCapture Master-Center edition 界面查看空三流程，如图 4-42 所示。

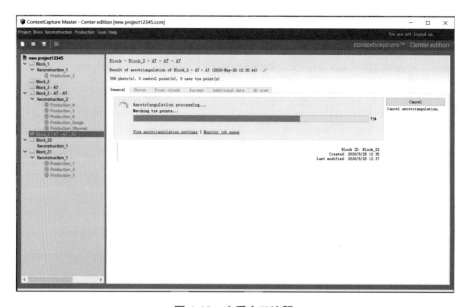

图 4-42　查看空三流程

注意：在进行空三程序之前必须打开 ContextCapture Center Engine 界面，如图 4-43 所示。

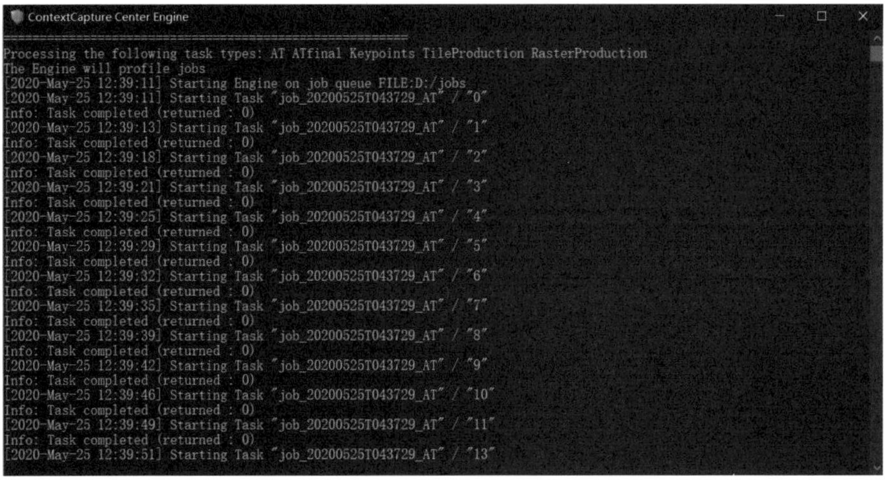

图 4-43　ContextCapture Center Engine 界面

以上是在 ContextCapture 中对照片进行空三测量的一般步骤，照片自身带 GPS 坐标。但如果在建模过程中，涉及照片与三维激光扫描的结合建模，而且三维激光扫描的扫描点云坐标是相对坐标，则需把照片的 GPS 坐标转换成三维扫描点云的相对坐标，再进行以上步骤中的空三处理。转换坐标的步骤如下。

第一步：选择 Surveys 选项卡，单击 Add 按钮，建立控制点（至少 3 个点），如图 4-44 所示。

第二步：输入每个控制点的坐标，如图 4-45 所示。在转换坐标的过程中，要注意输入坐标的类型选择 Local coordinate system（相对坐标）。

图 4-44　建立控制点

Survey Points　　Constraints

Name:
Control Point 1

Type:
Control Point　▼

Check Point: ☐

Coordinate:
Local coordinate system　▼

X: 1000.00000000

Y: 1000.00000000

Z: 5.00000000

Category:
Full　▼

Horizontal accuracy 0.01000000

Vertical accuracy 0.01000000

Accept　　Cancel

图 4-45　输入控制点的坐标

第三步：按住 Shift 键的同时，找一张照片单击每个控制点进行"刺点"操作；每个控制点的"刺点"次数在 5 次以上，每张照片看到的控制点方位尽量不同，如图 4-46 所示。

图 4-46 　"刺点"过程

在所有"刺点"工作结束后，再按照以上空三的一般步骤进行操作，即可得如图 4-47 所示的结果。

图 4-47 　相对坐标下的空三结果

4.2.4　三维重建

在空三结束后要进行三维重建，操作步骤如下。

第一步：空三结束后左侧任务栏中会出现 Block-AT，单击 Block-AT，然后单击右下角的 New reconstruction 按钮，如图 4-48 所示。

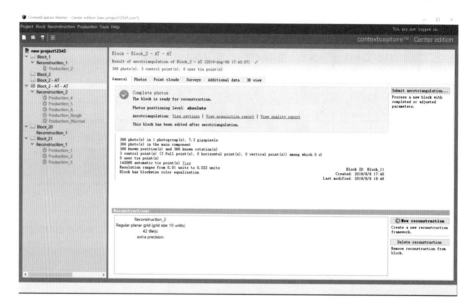

图 4-48　提交重建

第二步：重建过程完毕后左侧任务栏中会出现 Reconstruction_1 任务，单击 Reconstruction_1 任务。

Reconstruction_1 任务界面包括 General、Spatial framework、Reconstruction constraints、Reference 3D model、Processing settings 5 个设置选项，选择 General 选项卡进行空间设置，如图 4-49 所示。

在 Spatial framework 选项卡中，对于大块的数据，要选择分块处理。在模式下拉菜单中选择 Spatial framework 选项卡，如图 4-50 所示，根据提示进行分块处理。

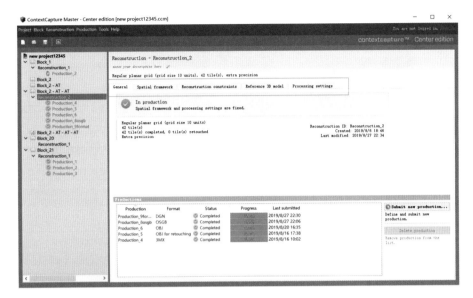

图 4-49　General 选项卡

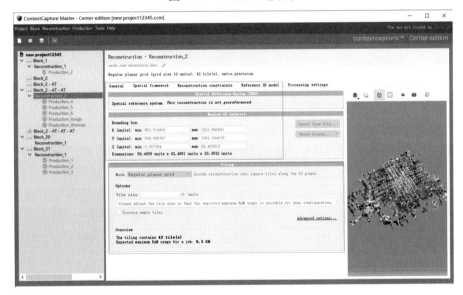

图 4-50　Spatial framework 选项卡

第三步：在 Production definition 中定义新模型，输入 Name（名称）和 Description（描述），如图 4-51 所示。

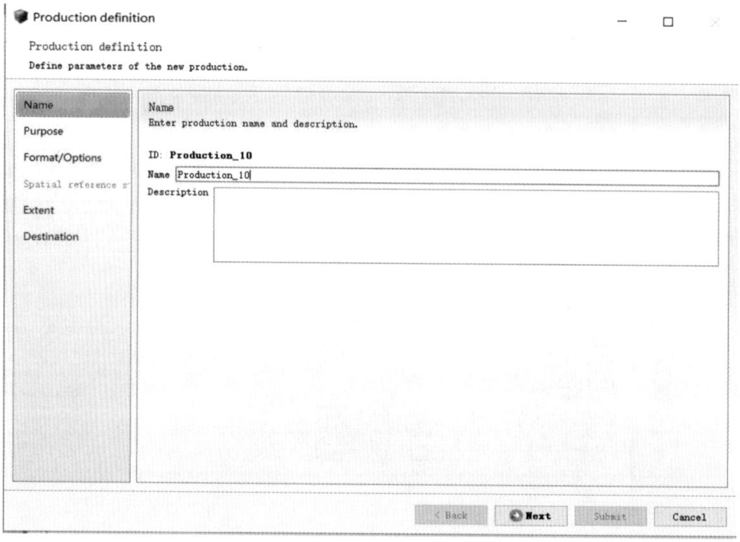

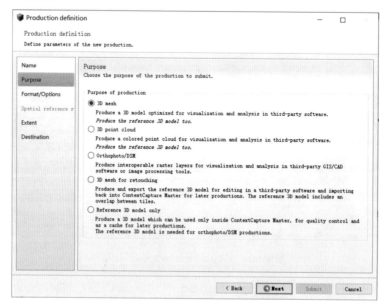

图 4-51　输入模型名称及描述

第四步：选择模型导出格式，如图 4-52 所示，将模型导出，完成三维重建。

图 4-52　选择模型导出格式

4.3　合成数据处理

4.3.1　点云数据准备

　　倾斜摄影存在一定的盲区，需要用三维激光扫描仪对倾斜摄影的盲区进行补充。在工程界面左边新建 Block 文件，并在该 Block 选项中选择 Point clouds 选项卡，单击 Import point clouds... 选项，在其下拉菜单中选择 Static point clouds 选项，并以 e57、ptx 等格式导入点云（已附有坐标），如图 4-53 和图 4-54 所示。

图 4-53　导入点云

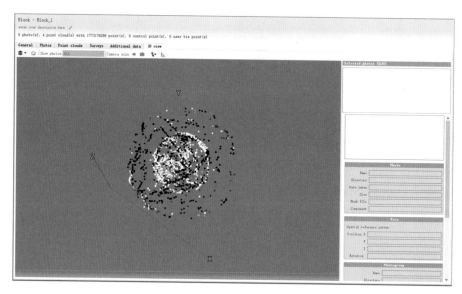

图 4-54　导入点云三维视图

4.3.2　合成数据分析

导入点云之后，按住 Ctrl 键，同时选择点云的 Block 文件与照片空三后生成的 Block-AT 文件，在任一文件上右击，选中 Merge 选项，生成带有 merged block 的文件，如图 4-55 所示。

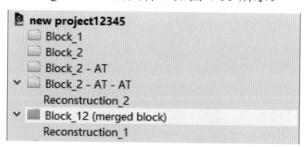

图 4-55　照片和点云合成新文件

为了查看点云数据与照片数据在合成后是否在同一坐标系下，可以在该文件夹下的工程界面中选择 3D view 选项卡，查看两者是否在同一坐标系中，如图 4-56 所示。

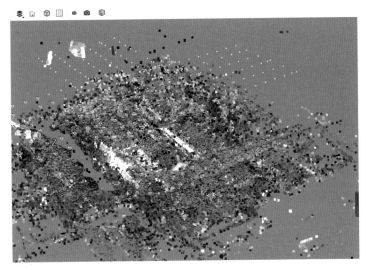

图 4-56　3D view

如果两者坐标系基本一致，则按类似三维重建的方式对合成数据进行处理，步骤如下。

第一步：选择 General 选项卡，单击右下角的 New reconstruction 按钮，软件界面的任务栏会生成 Reconstruction_1 任务，如图 4-57 所示。

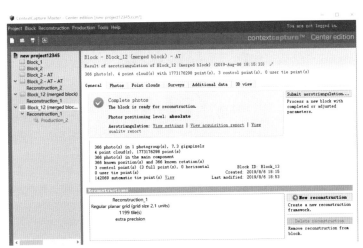

图 4-57　生成 Reconstruction_1

第二步：单击界面任务栏中的 Reconstruction_1 任务，在图 4-58 所示的工作栏选项中选择 Spatial Framework 选项卡，并在右侧图中划分建模区域，如图 4-59 所示，其中黄色区块即为建模区域。

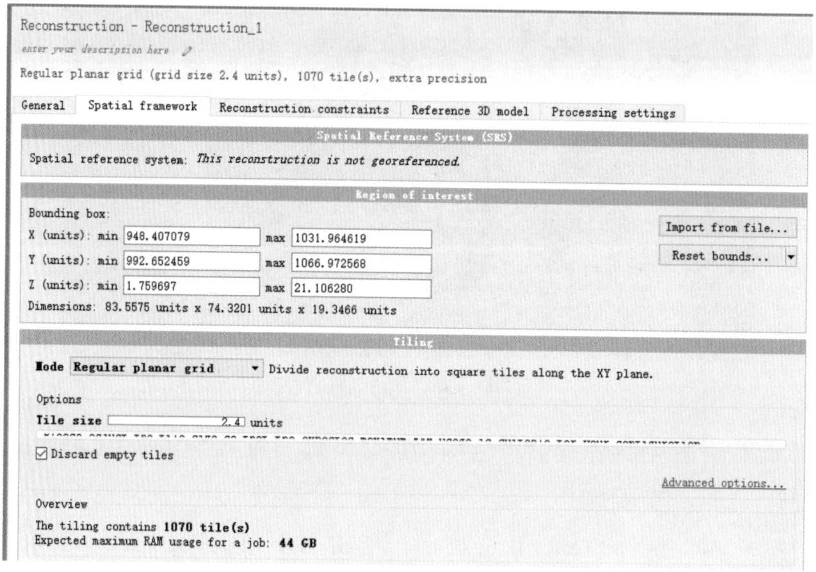

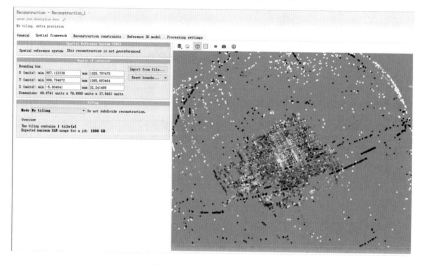

图 4-58　Spatial framework 界面

图 4-59　建模区域划分

第三步：划分完建模区域以后，选择 General 选项卡，单击界面右侧的 Submit new production 键即可，如图 4-49 所示。以下操作类似图 4-51、图 4-52，此处不再详述。建模程界面如图 4-60 所示，其结果如图 4-61 所示。

图 4-60　建模过程界面

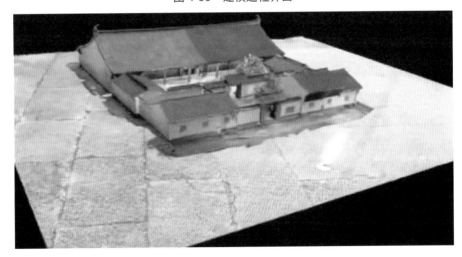

图 4-61　建模结果

第 **5** 章
模 型 修 饰

■ 修补，是比丢弃更烦琐的工程。

5.1　DP-Modeler

5.1.1　DP-Modeler 简介

倾斜摄影三维建模软件 Digital Photo Modeler（以下简称 DP-Modeler）是一套基于多幅影像进行快速、精确三维建模及 Mesh（网格）模型修饰的软件。该软件集成多种倾斜摄影、地面近景拍摄的影像和空三成果，提供多种观察视图、建模修饰工具，可完成具有高精度尺寸和位置的三维模型构建、Mesh 模型修饰，且交互简单，减少了三维建模成本。DP-Modeler V2.0 模型修饰功能对三角网格的直接编辑，实现了对 Mesh 模型的局部修饰。在完善建模功能的同时，新增三角网格选择、补洞、拟合到平面、平滑、漂浮物自动清理、墙线拉直、Mesh 切割、Mesh 细分、Mesh 纹理修改等修饰功能。该软件适用于数字城市的大规模快速三维建模、不动产登记、工程竣工测量、矿山与土地的精确建模等相关应用。其具有以下核心特点。

（1）高精度三维建模：突破传统立体像对的模式，多视角自动优选配准影像，达到测图级精度的三维建模。

（2）模型纹理自动映射：实现模型贴图自动从影像中采集，一键完成模型贴图。

（3）支持大影像调度：通过创建多级金字塔的影像结构，支持超过一亿像素的影像无缝调度。

（4）支持多种模型格式导出：可与 3ds Max 无缝集成，进行二次修编。

（5）支持对实景三维场景进行拉花立面修饰、底商修饰、道路平整、破洞修补、城市部件补充等。

（6）支持对三角网格的局部修改，包括对几何内容、位置、拓扑结构、纹理贴图的修改，并逐级生成带纹理的金字塔数据。

（7）支持对实景三维模型进行局部修饰，提供丰富的工具：破口补洞、拟合到平面、平整化、桥接、细分、补洞、悬浮物一键删除、踏平、垂直化等。

5.1.2　数据准备

1. 成果所需坐标系空三文件及影像

（1）首先在 ContextCapture 中 Export（导出）xml 格式的空三文件，如图 5-1 所示。

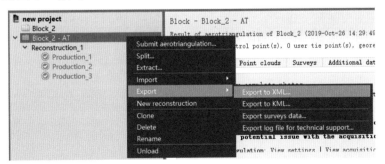

图 5-1　导出空三文件

（2）输出坐标系选择平面直角坐标系，转角顺序选择 OPK，选中 Export photos without lens distortion，如图 5-2 所示。

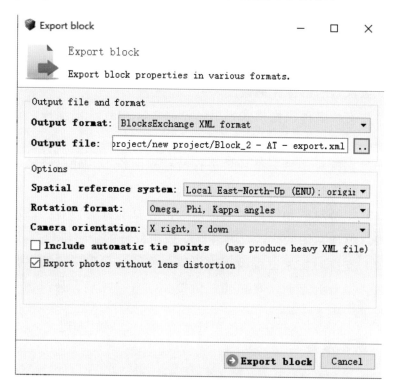

图 5-2　参数及坐标设置

2. OSGB、OBJ 两种格式模型

在 ContextCapture 中导出 OSGB、OBJ 两种格式模型，如图 5-3 所示。注意先导出 OSGB 再导出 OBJ，这样模型生成会快一些。坐标系设置时，模型坐标系应选择平面直角坐标系，如图 5-4 所示。

注意： 空三、OSGB、OBJ 3 个文件坐标系需保持一致，且必须是平面直角坐标系。

图 5-3　导出 OSGB、OBJ 两种格式模型

图 5-4　坐标系设置

5.1.3 解决方案配置

1. 空三文件及影像配置

（1）双击"JasNewsInManager"图标→输入名称→指定存放路径→下一步，如图 5-5 所示。

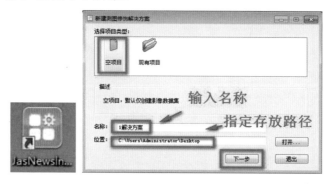

图 5-5 解决方案配置

（2）数据导入→影像→航空影像→导入 Smart3D 成果，如图 5-6 所示。

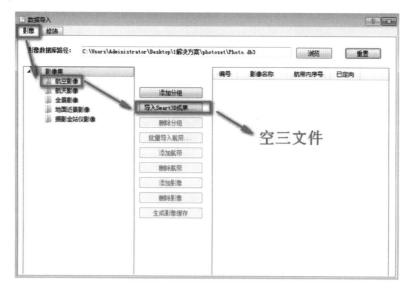

图 5-6 导入 Smart3D 成果

（3）指定空三路径，如图 5-7 所示。

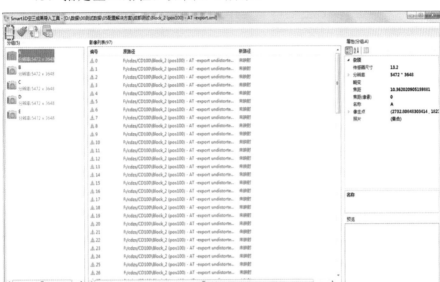

图 5-7　指定空三路径

（4）指定映射照片路径，如图 5-8 所示。

图 5-8　指定映射照片路径

（5）导出到 Jas 工程文件，如图 5-9 所示。

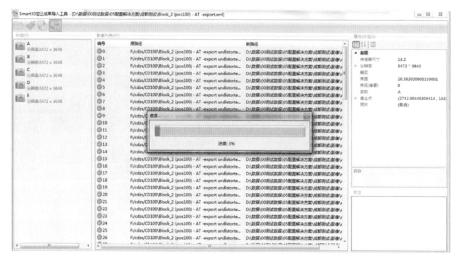

图 5-9　导出到 Jas 工程文件

（6）OSGB、OBJ 模型配置。操作步骤为：数据导入→修饰→指定 OSGB 格式模型存放文件夹→指定 OBJ 格式模型存放文件夹→输入 Metadata.xml 中的偏移值，如图 5-10 所示。

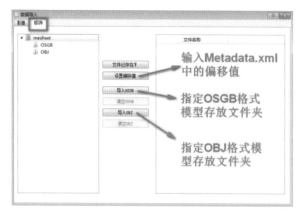

图 5-10　OSGB、OBJ 模型配置

2. 生成影像缓存

双击 DP-Modeler→打开解决方案→影像集→右击生成影像缓存。

5.1.4　Mesh 修饰流程

1. 单个 Tile 内部修饰

（1）OBJ 修饰→选择工具→Tile 选择→选择需要修饰的 Tile→双击，如图 5-11 所示。

图 5-11　Tile 修饰设置

（2）选面工具→Mesh 选面、多边形选面等→框选需要修饰的建筑，如图 5-12 所示。注意选择过程中模型不可缩放、平移。

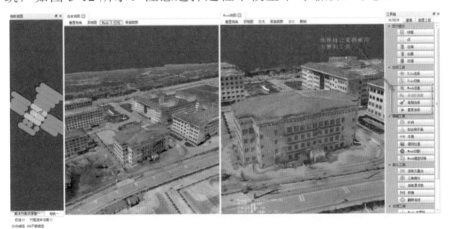

图 5-12　面的选取

其中，"加选"为选择工具持续选择，"减选"为 Shift+选择工具，"不穿透选择"为 Alt+选择工具（忽略背面选择）。

（3）单击 Delete 键删除框选部分→编辑工具→补洞→双击，如图 5-13 所示。注意将鼠标箭头指向破洞边缘，当边缘绿色高亮时即双击。

图 5-13　补洞

（4）纹理工具→Mesh 自动贴图，如图 5-14 所示。

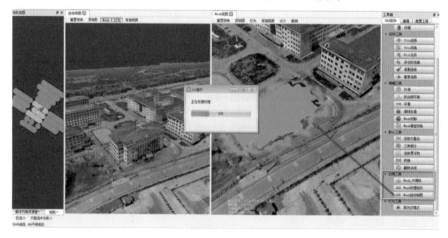

图 5-14　Mesh 自动贴图

（5）选择工具→多边形选面等→选择需要修改纹理 Mesh→Mesh 纹理修改→开始修改→图片编辑软件→修改完成后单击"保存"按钮→完成修改，如图 5-15 所示。

图 5-15　选择与修改

注意：单击"开始修改"按钮前尽量将需要修改的区域放大，单击后请勿移动、缩放模型；图片编辑工具退出前应先保存，按下 Ctrl+S 组合键可进行保存，单击"完成修改"按钮后稍等片刻，软件会对修改的纹理进行更新。

2. 两个 Tile 接边位置桥接修饰

（1）OBJ 修饰→选择工具→Tile 选择→选择需要修饰的 Tile→双击，如图 5-16 所示。

注意：当一栋建筑涉及多块 Tile 时可多选，所选 Tile 的数量由计算机显存决定。

（2）选面工具→Mesh 选面、多边形选面等→框选需要修饰的建筑，如图 5-17 所示。

图 5-16　Tile 选择

图 5-17　选面工具使用

（3）单击 Delete 键删除框选部分→默认工具→桥接，如图 5-18 所示。

注意：单击"桥接"按钮后，用鼠标选择桥接的两条边，可自动完成连接，让缺口形成破洞。当破洞拐折较多时，可多添加桥接面，让补洞产生的三角面大小一致、分布均匀，如图 5-19 所示。

图 5-18　桥接

图 5-19　复杂桥接

（4）选择工具。Tile 切换方式有图 5-20 中的两种方式。

注意：单个 Tile 模型修编完成后，需进行保存，步骤为：Tile 名称→右击→保存 OBJ。

（5）默认工具→桥接，如图 5-21 所示。

图 5-20　Tile 切换

图 5-21　默认桥接

（6）编辑工具→补洞→双击，如图 5-22 所示。

（7）纹理工具→Mesh 自动贴图，如图 5-23 所示。

注意：Mesh 自动贴图对象为当前编辑 Tile，单个 Tile 模型修编完成后，可将贴图一并处理。

图 5-22 补洞

图 5-23 Mesh 自动贴图

5.1.5 Mesh 成果导出

　　DP-Modeler 精细化模型可以导出 OBJ、OSGB 及 OBJ 修饰文件 3 种格式。

1. 导出 OBJ

（1）建模工具箱→后台工具→批量重命名→设置命名规则，如图 5-24 所示。

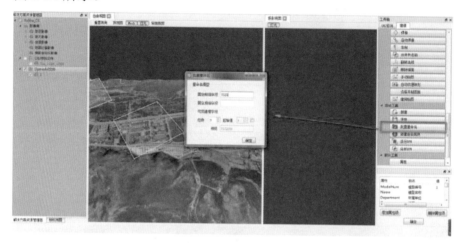

图 5-24　命名设置

（2）解决方案资源管理器→DP-Modeler 文件→右击→批量导出，如图 5-25 所示。

（3）设置文件导出路径，如图 5-26 所示。

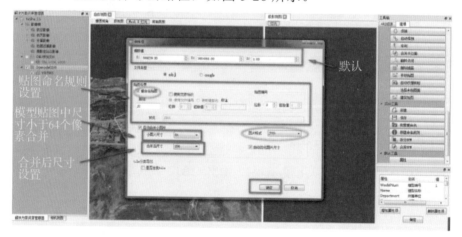

图 5-25　文件批量导出

图 5-26 文件导出路径设置

2. 导出 OSGB

（1）解决方案资源管理器→DP-Modeler 文件→右击→批量导出，如图 5-27 所示。

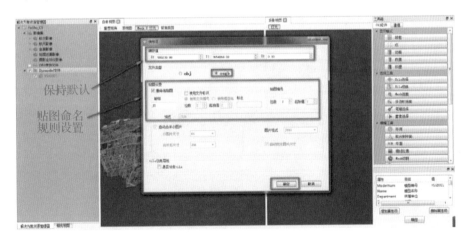

图 5-27 文件批量导出

（2）设置文件导出路径，如图 5-28 所示。

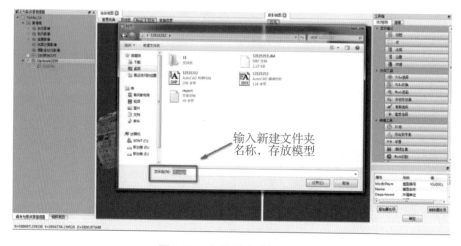

输入新建文件夹
名称，存放模型

图 5-28　文件导出路径设置

3. 导出 OBJ 修饰文件

（1）解决方案资源管理器→OBJ 修饰文件→右击→批量导出 OSGB，如图 5-29 所示。

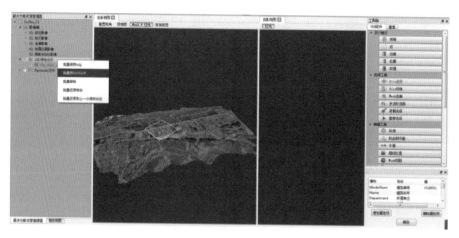

图 5-29　批量导出 OSGB

（2）设置存储路径：解决方案\meshset\osgb_edit 文件夹，如图 5-30 所示。

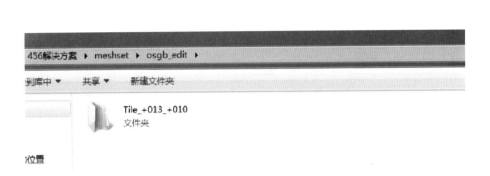

图 5-30 文件导出路径设置

5.2 Geomagic Wrap

5.2.1 Geomagic Wrap 简介

1. Geomagic 公司及其主要产品

Geomagic 是一家世界级的软件及服务公司，其产品在众多工业领域（如汽车、航空、医疗设备和消费产品等领域）得到广泛应用。公司旗下主要产品有 Geomagic Wrap、Geomagic Qualify 和 Geomagic Piano。其中 Geomagic Wrap 是被广泛应用的逆向工程软件，可以帮助用户从点云数据中创建优化的多边形网格、表面或 CAD 模型；Geomagic Qualify 则建立了 CAD 和 CAM 之间所缺乏的重要联系纽带，允许在 CAD 模型与实际构造部件之间进行快速、明了的图形比较，并可自动生成报告；而 Geomagic Piano 是专门针对牙科应用的逆向软件。本项目所使用的主要是 Geomagic Wrap 软件。

2. Geomagic Wrap 软件的使用范围

（1）零部件的设计。

（2）文物及艺术品的修复。

（3）人体骨骼及义肢的制造。

（4）特种设备的制造。

（5）体积及面积的计算，特别是不规则物体。

3. Geomagic Wrap 软件的主要功能

（1）点云数据预处理，包括去噪、采样等。

（2）自动将点云数据转换为多边形。

（3）多边形阶段处理，主要有删除钉状物、补洞、边界修补、重叠三角形清理等。

（4）把多边形转换为 NURBS 曲面。

（5）纹理贴图。

（6）输出与 CAD/CAM/CAE 匹配的文件格式（IGES/STL/DXF等）。

4. Geomagic Wrap 软件的优势

（1）支持格式多，可以导入导出各种主流格式。

（2）兼容性强，支持所有主流三维激光扫描仪，可与 CAD、常规制图软件及快速设备制造系统配合使用。

（3）智能化程度高，对模型半成品曲线拟合更准确。

（4）在处理复杂形状或自由曲面形状时，生产率比传统 CAD 软件效率更高。

（5）自动化特征和简化的工作流程可缩短训练时间，并使用户可以免于执行单调乏味、劳动强度大的任务。

（6）可由点云数据获得完美无缺的多边形和 NURBS 模型。

5. Geomagic Wrap 多边形阶段

（1）多边形阶段的处理流程。多边形阶段的主要目标是掌握如何在多边形阶段进行形状处理和边界处理，其处理流程如图 5-31所示。

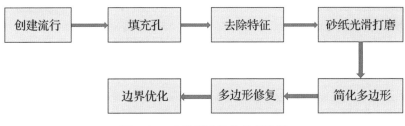

图 5-31　多边形阶段的处理流程

（2）多边形阶段的主要命令。多边形阶段的主要命令列举在表 5-1 中。

表 5-1　多边形阶段的主要命令

主要命令	命令图标	主要功能
修补		网格医生：自动修复多边形网格内的缺陷
		简化：减少三角形数目，但不影响曲面细节或颜色
		裁剪：可使用平面、曲面、薄片进行裁剪，在交点处创建一个人工边界
		去除特征：删除选择的三角形，并填充产生的孔
		雕刻：以交互的方式改变多边形的形状，可采用雕刻刀、曲线雕刻或使区域变形的方法
		创建流行：删除非流行三角形
		优化边缘：对选择的多边形网格重分，不必移动底层点以更好地定义锐化和近似锐化的结构
		细化：在所选的区域内增加多边形的数目
		增强表面啮合：在平面区细化网格为曲面设计做准备，在高曲率区增加点而不破坏形状
		重新封装：在多边形对象所选择的部分重建网格
		完善多边形网格：可以编辑多边形，修复法线，翻转法线，将点拟合到平面和圆柱面

主要命令	命令图标	主要功能
平滑		松弛：最大限度地减少单独多边形之间的角度，使多边形网格更平滑
		删除钉状物：检测并展平多边形网格上的单点尖峰
		减小噪声：将点移至统计的正确位置以弥补噪声
		快速平滑处理：使所选的多边形网格更平滑，并使三角形的大小一致
		砂纸：使用自由手绘工具使多边形网格更平滑
填允孔		全部填充：填充多边形对象上所有的选择孔
		填充单个孔：有基于曲率 、基十切线 和平面填充 3 种方式，可以填充孔的类型包括内部孔 、边界孔 ，并可以用桥接 的方式连接两个不相连的多边形区域
边界		修改：可以在多边形对象上编辑边界、松弛边界、创建/拟合孔、直线化边界、细分边界
	创建▾	创建：可以创建自样条线开始、自选择部分开始、自多边形开始及折角形成的边界
	移动▾	移动边界：可将边界投影到平面；延伸边界，按周围曲面提示的方向投射一个选择的自由边界；伸出边界，将选择的自然边界投射到与其垂直的平面
	删除▾	删除：主要是删除选中的部分边界、所有边界，以及清除细分边界的点
偏移		抽壳：沿单一方向复制和偏移网格以创建厚度
		加厚：沿两个方向复制和偏移网格以创建厚度
		偏移：有 4 种偏移方法，即应用均匀偏移命令偏移整个模型，使对象变大或变小；沿法线正向或负向使选中的多边形凸起或凹陷一定距离，并在周围狭窄区域内创建附加三角形；雕刻，在多边形网格上创建凸起或凹陷的字符，但是该命令只使用美制键盘字符；浮雕，在多边形网格上浮雕图像文件以进行修改

续表

主要命令	命令图标	主要功能
锐化		锐化向导：在锐化多边形的过程中引导用户
		延伸切线：从两个相交形成锐角的平面中各引出一条"切线"，通过交点确定锐边的位置
		锐化多边形：延长多边形网格以形成"延长切线"提示的锐边
合并		将两个或多个多边形对象合并为单个的复合对象

5.2.2　Geomagic Wrap 模型修饰

1. 准备工作

（1）将从 ContextCapture 中导出的 OBJ 文件在 Geomagic Wrap 中打开（图 5-32），可以打开 OBJ 文件预览（图 5-33）。

图 5-32　打开 OBJ 文件

图 5-33　打开 OBJ 文件预览

（2）为了快速旋转模型，在屏幕左边显示面板上设置动态显示一点的值为 25%，如图 5-34 所示。这个值的意思是当模型旋转时只有 25%的数据可见，从而可以提高刷新速度。

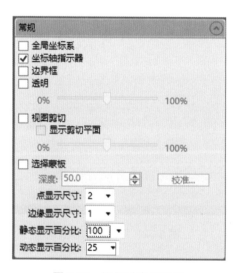

图 5-34　设置动态显示值

2．创建流行

"创建流行"命令 极其重要，用于删除模型中的非流行三角形，创建流行的方式有以下两种。

（1）创建流行→打开，该命令适用于片状而不封闭的多边形模型。

（2）创建流行→封闭，该命令可以为一个封闭的模型创建流行。

3．填充孔

填充孔功能用于在缺失数据的区域里创建一个新的平面或曲面作为填充，可以执行全部填充和部分填充。全部填充一般用于简单物体，对于复杂物体一般采用部分填充。根据不同的要求可选择基于曲率、基于切线和平面填充 3 种方式。为了便于观察及作业，可对暂时不修正的模块进行隐藏，如图 5-35 所示。

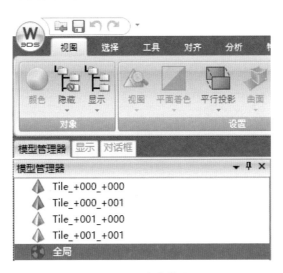

图 5-35　隐藏模块

（1）单个孔的填充。

选中要修补的模块，如图 5-36 所示的门口部分，选择"填充单个孔"，根据孔的形式采取适用选项进行作业。

图 5-36　填充单个孔

（2）开放孔的填充。

开放孔可采用搭桥方式作业，譬如进门地面部分是一个开放孔（图 5-37），可以通过填充单个孔→平面→搭桥的方式使开放孔形成封闭区间，然后采用填充单个孔→平面→内部孔的方式进行填充，如图 5-38 所示。

（3）半开放孔的填充。

对于门槛上面的半开放孔（图 5-39），可以采用填充单个孔→平面→边界孔的方式进行填充，如图 5-40 所示。

图 5-37　开放孔

图 5-38　填充开放孔

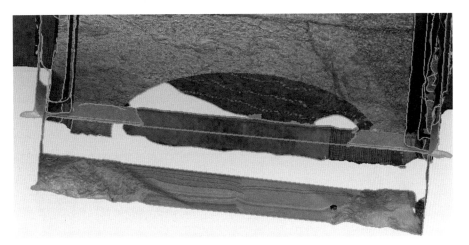

图 5-39　半开放孔

图 5-40　填充半开放孔

（4）竖向孔的填充。

门槛上的竖向孔（图 5-41）因为有一定的弧度，可以采用填充单个孔→切线→内部孔的方式进行填充，如图 5-42 所示。

图 5-41　竖向孔

图 5-42　填充竖向孔

（5）标靶球的处理。

对于扫描标靶球等大的突出物体，如图 5-43 所示，可采用选择→删除后再补洞的方式进行解决，具体操作如下。

图 5-43　扫描标靶球

① 设置套索选取→贯通，如图 5-44 所示。

图 5-44　标靶球选取

② 选取后单击 Delete 键删除，采用填充单个孔→平面→内部孔的方式进行填充，如图 5-45 所示。

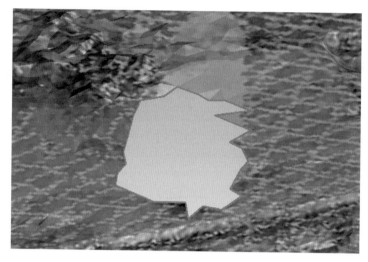

图 5-45 删除并填充单个孔

4. 去除特征

"去除特征"是用于快速去除对象上的肿块和压痕的命令。这个命令基本等价于先删除选中的几何形状再用基于曲率的方式填充空隙。

用选择工具如套索工具来选取压痕，单击"去除特征"命令 ，从选取的多边形上去除压痕，如图 5-46～图 5-48 所示。

图 5-46 物体表面的凸起

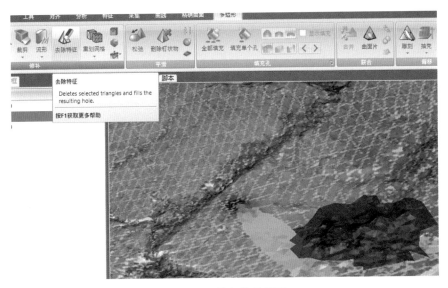

图 5-47 凸起物的选取

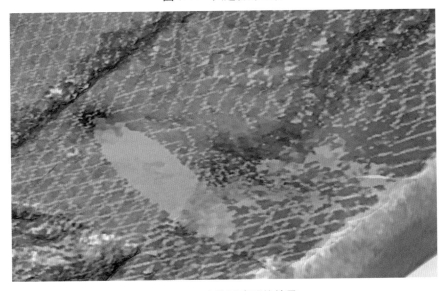

图 5-48 去除压痕后的效果

5. 砂纸光滑打磨

用"砂纸"命令来交互式光顺或松弛对象上的区域,如去除肿块(图 5-49)。

图 5-49　肿块示意

（1）单击"砂纸"命令 ，打开"砂纸"对话框，如图 5-50 所示。

图 5-50　"砂纸"对话框

（2）选中松弛选项（缺省设置）。

（3）移动强度滑杆到最大值，并选中固定边界。强度值决定需要在区域上移动指针多少次。

6. 简化多边形

用"简化多边形"命令来减少多边形模型的三角片数量。"简化多边形"命令将在曲率较小的区域减少三角片的数量而在曲率较大的区域保持三角片的数量。虽然减少三角片的数量但须保持对象的形状。

（1）在显示对话框内选中"显示边"，则可显示多边形网格的边线，如图5-51所示，这样就可以更直观地观察多边形的压缩程度。

图5-51 显示多边形网格的边线

（2）选择需要简化的多边形区域，单击"简化多边形"命令 ，打开"简化多边形"对话框，选中"固定边界"，并定义目标三角形数量或减少到某个百分比，简化后的多边形网格如图5-52所示。

图 5-52　简化后的多边形网格

7. 多边形修复

多边形修复有以下 3 种方法。

（1）拟合到平面。

将属于同一个平面的多边形通过多边形修复工具拟合到指定的平面。选中需要拟合的多边形，单击"修复"按钮→拟合到平面，并调节对齐平面的位置与多边形最佳契合，单击"确定"按钮完成拟合。

（2）采用"网格医生"命令修复多边形缺陷。

单击"网格医生"命令 ，进入"网格医生"对话框，如图 5-53 所示。此命令可以自动探测并修复多边形网格的缺陷，如非流行边、自相交、高度折射角、尖状物、小组件、小通道、小孔等。图 5-53 中的"分析"编辑框中显示了模型的缺陷数目，在视窗上，模型的这些缺陷同样会高亮显示，如图 5-54 所示。若需详细查看，可使用"排查"工具条 中的"前进"键和"后退"键，详细查看后，单击"确定"按钮即可完成所有修复工作。

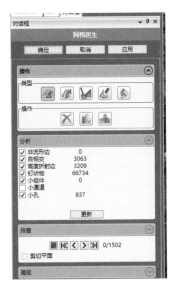

图 5-53 "网格医生"对话框

图 5-54 模型中缺陷高亮显示

（3）增强表面啮合。

"增强表面啮合"命令 用于在平面区对网格细化，以准备网格进行曲面设计，在高曲率区增加点而不破坏形状。从图 5-55 和图 5-56 可以明显看出，增强表面啮合后，整个多边形网格得到了进一步优化和调整。

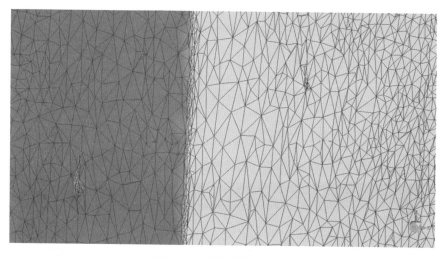

图 5-55　增强表面啮合前

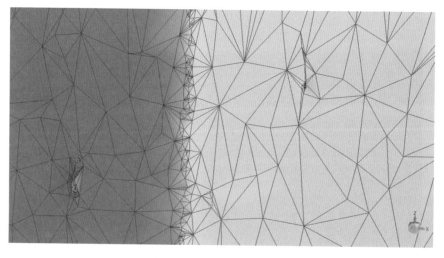

图 5-56　增强表面啮合后

8. 边界优化

边界优化包括编辑边界、直线化边界和将边界投影到平面。

（1）编辑边界。

选择"修改"→"编辑边界"命令 ，打开"编辑边界"对话框，如图 5-57 所示。一般情况下，选择"部分边界"选项，通过设置控制点和张力来拉直边界。边界优化前后分别如图 5-58 和图 5-59 所示。

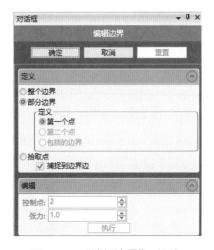

图 5-57 "编辑边界"对话框

图 5-58 边界优化前

图 5-59　边界优化后

（2）直线化边界。

除了通过设置控制点和拉力来拉直边界外，还可以直接使用"直线化边界"命令来使边界在一条直线上。选择"修改"→"直线化边界"命令，打开"直线化边界"对话框进行设置，如图 5-60 所示。直线化边界前后分别如图 5-61 和图 5-62 所示。

图 5-60　直线化边界设置

图 5-61 直线化边界前

图 5-62 直线化边界后

（3）将边界投影到平面。

选择"边界"→"移动"→"边界投影到平面"命令 ，打开

"投影边界到平面"对话框（图 5-63），先定义对齐平面，再选择"部分边界"选项，即可将选择的部分边界投影到指定的平面。边界投影前后分别如图 5-64 和图 5-65 所示。

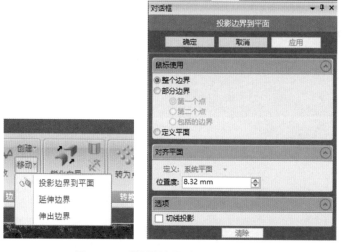

图 5-63　"投影边界到平面"对话框

图 5-64　边界投影前

图 5-65 边界投影后

9. 修模后导出

整个模型修整完毕后，导出 OBJ 格式模型到原来的位置，具体同 5.3.2 节中 Meshmixer 模型修饰的后续作业。

5.3 Meshmixer

5.3.1 Meshmixer 简介

Meshmixer 是 Autodesk 公司旗下的一款专门用于 3D 打印模型编辑与设计的软件。Meshmixer 除了包含有添加支撑、平面切割、镂空等修改已有模型的命令外，还可以实现简单的建模。通过软件自带的各种基本图形或生物结构等拼插模块，使用者可以快速构建出丰富多样的模型来。同时，Meshmixer 还提供了很多诸如 3D 雕刻、表面冲压、打印床定向优化等实用功能。该软件对 ContextCapture 导出模型的后处理也有很大的帮助。

5.3.2 Meshmixer 模型修饰

1. 修饰准备

（1）将 ContextCapture 导出模型在 Meshmixer 中重新生成，选择进行修饰的三维网格，如图 5-66 所示，格式选择用于进行修饰的三维网格，完成后单击 Next 按钮进入下一步。

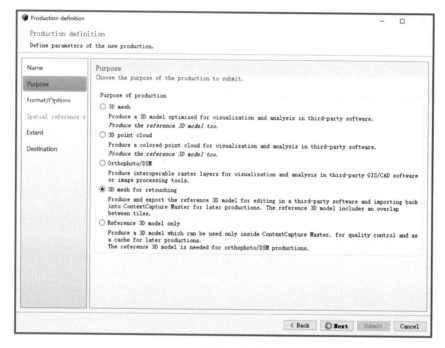

图 5-66　可修饰三维网格设置

（2）进入 Format/Options 选项卡，如图 5-67 所示，Format（格式）选择 OBJ wavefront format，选中 Include texture maps，其下选项 Maximum texture size 可以自定义（1024/2048…倍数即可），完成后单击 Next 按钮进入下一步。

（3）进入 Extent 选项卡，在此选项卡中可以定义输出范围，如图 5-68 所示，也可以单击最后的 Edit，进入 Edit 选项卡。

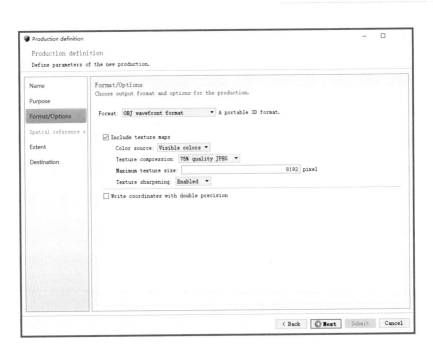

图 5-67 OBJ 格式设置

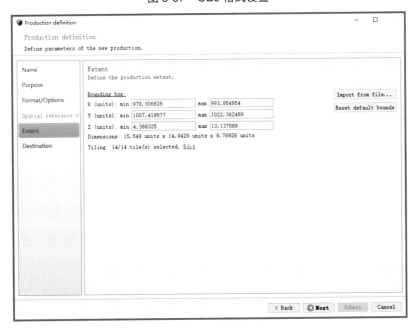

图 5-68 定义输出范围

（4）进入 Edit 选项卡，单击 Select from 3D view...按钮，如图 5-69 所示。

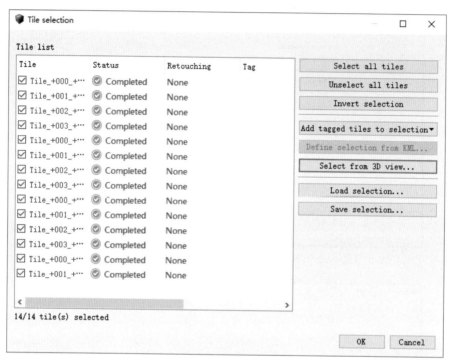

图 5-69　三维视角选择

（5）建模的时候会被要求划分瓦片，如图 5-70 所示。这里可以选择需要修饰的图片所在的瓦片（多选按 Ctrl 键选择）。

（6）单击 OK→Next 按钮，进入 Destination 选项卡，选择输出目录，单击 Submit 按钮提交，如图 5-71 所示。提交建模完成之后会提示已完成。

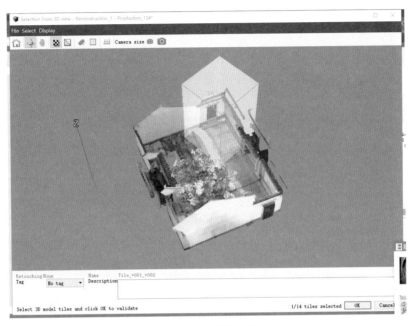

图 5-70　瓦片的划分

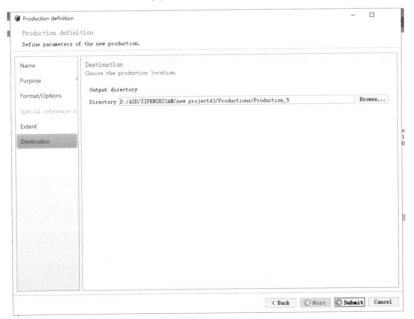

图 5-71　输出位置设置

（7）如图 5-72 所示，打开输出目录→打开数据文件夹，里面包含了输出的瓦片，每个瓦片里面包含两个文件，在文件夹中有两个 OBJ 格式文件，选择文件名中不带"_bbox"的 OBJ 格式文件。

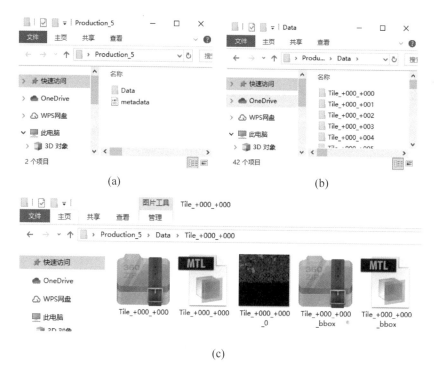

(a)

(b)

(c)

图 5-72　输出文件内容

2. Meshmixer 模型修饰步骤

（1）导入文件。

打开 Autodesk Meshmixer，单击"文件"下拉菜单，单击"导入"按钮，打开"导入"对话框，选择上一步中创建的文件名中不带"_bbox"的 OBJ 格式文件，单击"打开"按钮，如图 5-73（a）所示。所有文件加载后，就可以进行修饰操作了，如图 5-73（b）所示。

(a)

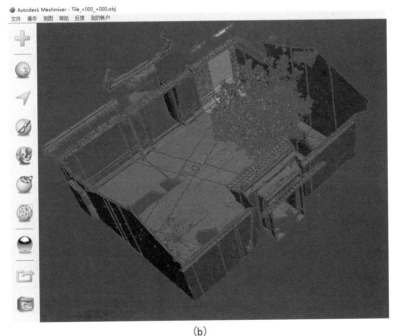

(b)

图 5-73 导入文件

（2）自动修复。

选中需要修复的模块，选择分析菜单栏，单击"检查器"按钮，软件会自动检测需要修复的位置（一般是悬空物），单击"全部自动修复"按钮即可完成修复，如图 5-74 所示。

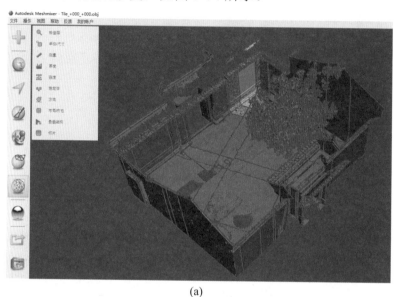

(a)

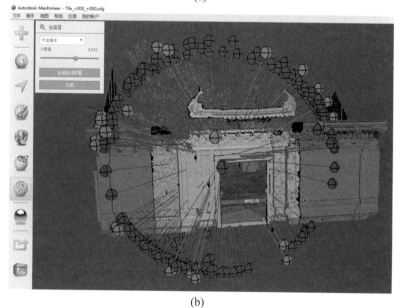

(b)

图 5-74　软件自动修复

（3）孔洞手动修复。

由于自动检测效果一般，大部分孔洞还需要手动修复。找到需要修复处理的地方，如突出物、悬空物、墙面漏洞等，单击左边选择操作面板，可以调整笔刷大小，按住左键进行涂绘，按住 Ctrl+左键可进行逆向消除。如图 5-75 所示为院子中地面的孔洞修复。

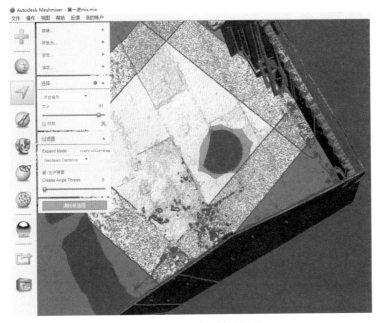

图 5-75 院子中地面的孔洞修复

涂绘好后单击"编辑"按钮，可进行消除、填充、丢弃和减小等操作（根据自己想要的模型效果进行操作）；若出现误操作，可以按 Ctrl+Z 组合键撤销操作。图 5-76 中，我们对孔洞进行了消除和填充处理，调整好参数后，单击"确定"按钮即可。

（4）地面平整。

地面平整的操作为：选择菜单栏→塑形，单击"笔刷"按钮，选中右上角的平整工具，调节到合适的笔刷大小即可对地面进行平整（快捷键 W，可以调出网格模式，在地面平整时起到辅助功能），如图 5-77 所示。

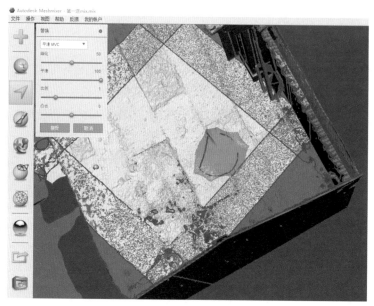

图 5-76　孔洞消除和填充处理效果

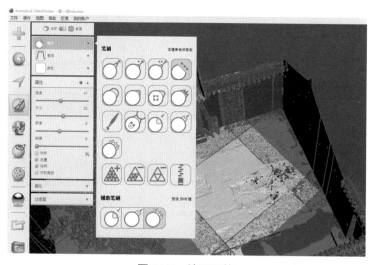

图 5-77　地面平整

（5）模型导出。

修复完成后导出模型，在文件菜单栏下拉找到"导出"命令并单击，选中原文件进行替换保存，如图 5-78 所示。

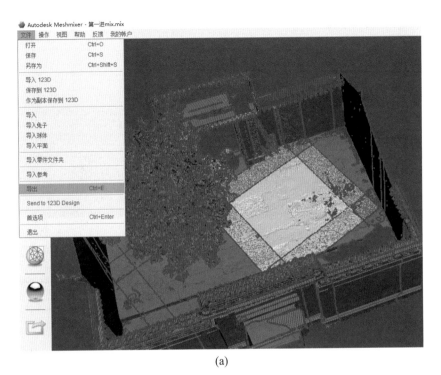

(a)

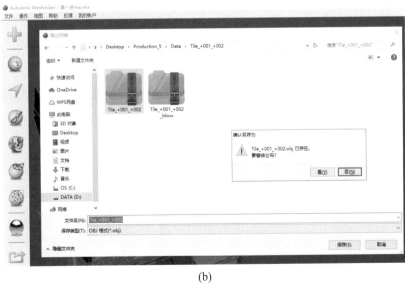

(b)

图 5-78　模型导出替换保存

单击"保存"按钮后会显示已写入进度条，如图 5-79 所示。等完成后关闭 Meshmixer 软件即可。

图 5-79　模型替换保存写入中

（6）ContextCapture 中导入修饰模型。

打开 ContextCapture，选中"模型产品"→"参考三维模型"→"导入修饰模型"→"添加几何结构模型"，如图 5-80 所示。

按照模型的保存路径单击进去后会发现是空文件，如图 5-81 所示，不用担心，只要路径正确，完全可以导入，软件会自动检测识别出来。

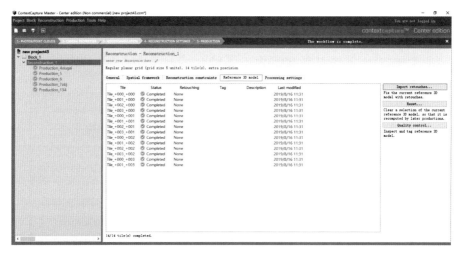

图 5-80 导入修饰模型

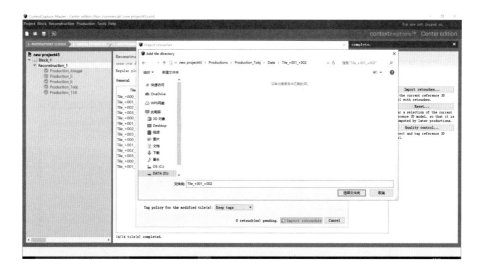

图 5-81 模型导入

模型导入后会显示如图 5-82 所示的结果，即表示模型导入完成。

选中 Production_7obj，单击 Submit update（更新处理）按钮，会提示"The existing production result will be over written"，单击 OK 按钮即可，如图 5-83 所示。

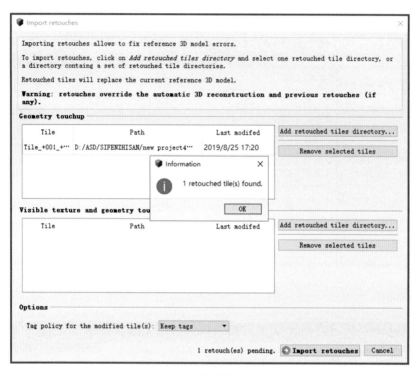

图 5-82　模型导入完成

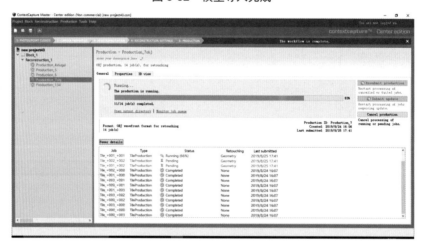

图 5-83　模型更新

至此，完成了模型的导出、修饰及更新，本实例完成。

第6章

轻量化建模

■追求更轻、更快、更便捷几乎成为整个行业的标准与变革方向。

6.1　Revit 简介

Revit 是 Autodesk 公司一套系列软件的名称。Revit 系列软件是为 BIM 构建的，可帮助建筑设计师设计、建造和维护质量更好、能效更高的建筑。Revit 相关软件都是参数化的，所谓参数化是指模型中所有元素之间的关系，这些关系可实现 Revit 提供协调和变更管理功能。这些关系可由软件自动建立，也可以由设计者在项目开发的时候建立。这与 AutoCAD 非常相似，不同的地方是 Revit 通过 3D 模型来建模，而不是通过草图。

在 Revit 中，可以直接将现实生活中对应的元素（如柱子、墙等）放进模型中。模型建立完成后，可以产生各种图纸、平面图、立面图、3D 图及明细表等，图 6-1 为 Revit 更新后的模型。在 Revit 模型中，所有图纸、平面图、立面图、3D 图及明细表这些信息都是出自同一个建筑模型的数据库。在视图和明细表操作时，Revit 将收集模型相关的信息，并且同步这些信息。Revit 参数化修改引擎可以自动同步并修改这些信息。

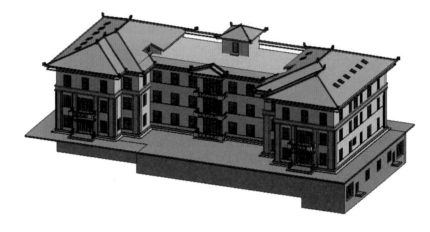

图 6-1　Revit 更新后的模型

1. Revit 的主要功能

（1）IFC 导出：导出至 IFC 功能可提供一组弹性选项集以规划导出。根据需要，可以使用内建设置或自定义设置。

（2）整体参数：整体参数可提供以下增强功能。

① 可以使整体参数与元素的类型性质、例证或类型项目参数产生关联。

② 可以将整体参数指定给群组，以进行更好的组织，也可以在其指定的群组内移动和排序整体参数。

③ 可以根据整体参数关联筛选明细表，以找出具有整体参数关联或遗失关联的所有元素。

④ 可以在项目之间转移整体参数。

（3）Dynamo：Dynamo 是一种可视化程序设计界面，可自定义建筑信息工作流程，现在可作为 Revit 安装的一部分。Dynamo 工具可在管理页签上取得。近几年，相当多 BIM 相关项目的应用都由 Revit 进行。

2. Revit 的应用

（1）运用 Revit 辅助建筑施工图教学，借由 3D 模型的清晰展示，可使学习人员正确解读施工图，针对图中可能产生冲突之处提出整合建议方案，降低错误及重复检核概率，进而提升学习人员的学习意愿及教学成效，减小教学与实务间的差距。

（2）在基于 BIM 的空调设备工程成本估算中，运用 Revit 进行机电模型的建模，通过 Revit 分析输出更明确的数量和金额，并与合约数量和金额比对，找出差异的原因，并对数量与金额的计算方式做出改进。

（3）通过辅助软件，运用 Revit 计算钢筋工程中所需的钢筋材料明细，提升估算正确率及估算速度，以获取钢筋数量及钢筋价格明细表。

（4）通过 BIM 建置相关消防安全设备组件，并将组件生命周期所需的检测维护信息，通过 COBie Toolkit 编撰于 Revit 模型中，归纳整理成设备检测维护云端数据库，以便在后续检测维护作业时，结合扩增实境技术的视觉仿真方式，在行动装置上进行设备组件的检修维护作业，改善以往以图纸文件为主导致的缺失与限制。

6.2　PointSense 辅助建模

6.2.1　PointSense 简介

2017 年 4 月，三维测量和成像解决方案供应商之一的 FARO 宣布推出 FARO PointSense 18.0 套装软件。这款软件平台实现了与 AutoCAD 和 Revit 设计工具的无缝集成，改进了软件操作，并提高了软件数据的处理效率，能够在 Autodesk 的 AutoCAD 和 Revit 套件中高效地处理三维激光扫描数据，并且能够加快实现竣工数据的存档。

PointSense 具有许多适用于 AutoCAD 的新功能，其中包括同时拟合多个多边形剖面、一键式平面提取和自动边界检测。新的工厂设计工具能够对多个结构性钢构件进行分批提取，并且改进了法兰连接点的提取功能。Revit 用户还将受益于新的、直观的变形监测工具，可以使用这些工具将点云同任何表面（包括墙壁、无花板和地面）进行比较。另外，使用 Agisoft PhotoScan 软件还可以将其校准后的照片导入 PointSense 的 Heritage 工具，作为处理其点云数据的额外参考源。Kubit PointSense 是一款在 AutoCAD 环境下的专业点云数据处理软件，大大提升了 AutoCAD 在多个行业中的高效应用性，并能向用户提供成熟的解决方案，其产品覆盖领域包括测绘、建筑、文保、考古、设施管理、工程与施工等。

PointSense 软件是配合三维激光扫描仪进行后处理的产品，它能使 AutoCAD 对数以亿计的点云数据进行高效的后处理，并支持市面上所有的三维激光扫描仪。

PointSense 为绘图、建模、分析处理提供了大量高效工具，它能直接支持 FARO、RIEGL、Leica、Trimble 公司的扫描工程文件，通过点云走势自动得到适配线，提交平、立面图成果，自动计算点云拟合 3D 模型，通过照片与点云匹配进行 3D 建模，快速进行彩色切片，对点云及模型进行冲突检测等。

PointSense 的功能特点主要有以下几点。

（1）PointSense 可以使 FARO Scene、Riscan Pro 与 AutoCAD 实现实时传输，同时打开两个软件就可以根据扫描的点云影像实时绘图，如图 6-2 所示。

（2）通过 PointSense 可以使点云数据生成 Mesh 网格，用于不规则形体的快速构建，如地形、地质岩石、遗址、文物、佛像等，如图 6-3 所示。

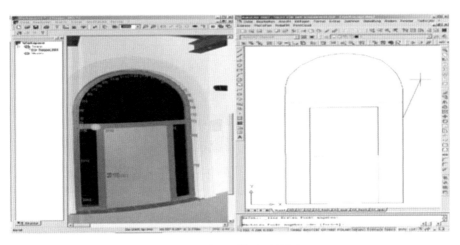

图 6-2　点云影像实时绘图

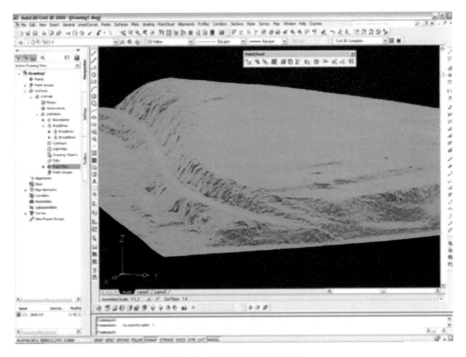

图 6-3　不规则形体的构建

（3）通过适配线功能，自动对点云进行跟踪捕捉，生成平、立面图；通过快速截面功能，瞬间截取所需的截面效果；自动拟合线功能用于古建筑剖面结构图、隧道截面图、等高线图等的生成。PointSense 具有强大的建模功能，能够快速分析出建筑的主体结构线、墙脚点，使 3D 建模不再费时费力。

（4）直观高效的"层"状点云管理器，可以为每一块数据进行色彩区分、显示及隐藏，即使再多的站点也可以进行有效的管理，对机器内存收放自如。

（5）自动模型拟合功能，通过点云自动计算得到 3D 模型，并可进行冲突检测分析，使机械设施、工厂管道的三维数字化工作变得异常简单。

（6）使用点云生成高分辨率的正射影像，使绘图更加简便、高效。生成的正射影像图还可以用于数字化存档。

（7）PointSense 提供了一种绝佳的绘图功能（即图像真实绘图），结合点云的三维空间优势及照片的高分辨率优势，可以通过匹配在点云上的照片直接进行绘图，相应的线会直接绘制在真实的位置上，不会再因为点云的密度而丢失掉细节。

6.2.2　PointSense 墙面拟合

（1）在 Revit 软件中插入点云，单击工具栏上"插入"面板下的"点云"按钮，弹出"链接点云"对话框，在对话框中找到要插入的点云，单击"打开"按钮，如图 6-4 和图 6-5 所示。

（2）切换到平面视图，通过旋转操作使点云模型位置摆正，以便后续构件拟合操作，如图 6-6 和图 6-7 所示。

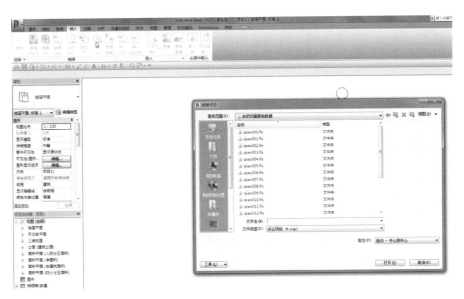

图 6-4　打开点云数据

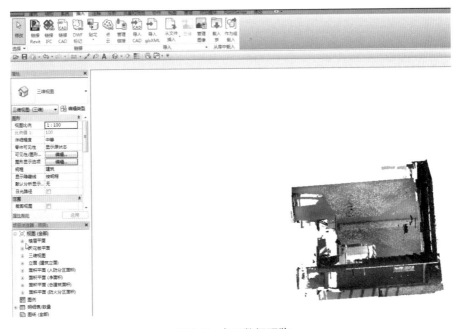

图 6-5　点云数据预览

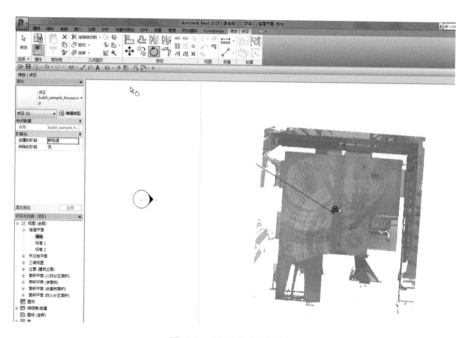

图 6-6　旋转命令的操作

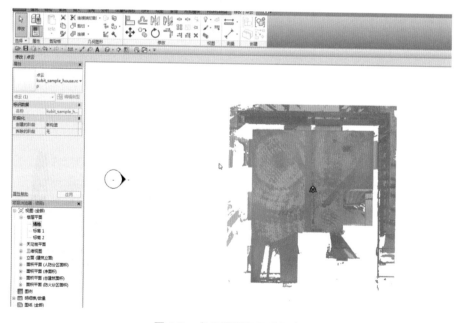

图 6-7　点云模型摆正后示意

（3）在"视图"菜单栏下选择"剖面"按钮，单击创建一个剖面视图，如图 6-8 所示，以便观察点云模型的内部组成。

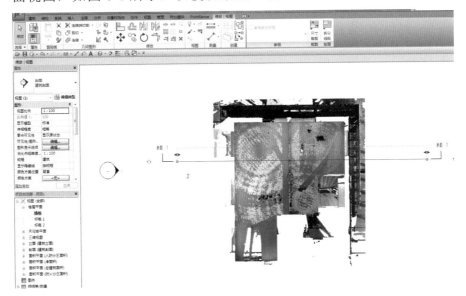

图 6-8 创建剖面视图

（4）鼠标右击，转到点云模型剖面内部，如图 6-9 所示。

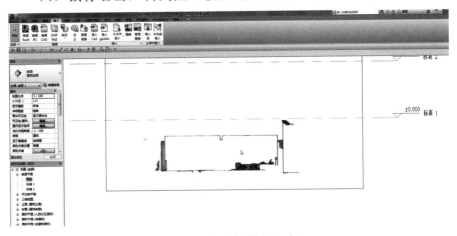

图 6-9 点云模型剖面内部

（5）通过观察，可以看到标高的位置错误，需要调整，通过移动命令将标高 1、标高 2 分别与地面及楼面对齐，如图 6-10 所示，以利于后期墙的高度控制。

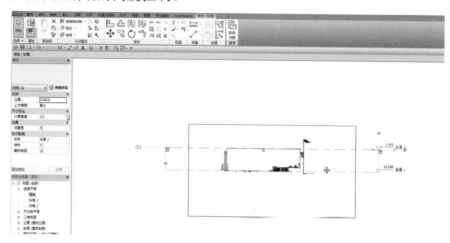

图 6-10   标高线与楼面对齐

（6）返回标高 1 视图，如图 6-11 所示。通过调节视图范围把地面上一些影响工作的点云隐藏，完成后效果如图 6-12 所示，可以看到内外墙的轮廓。

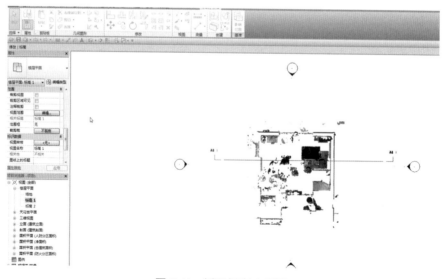

图 6-11   返回标高 1 视图

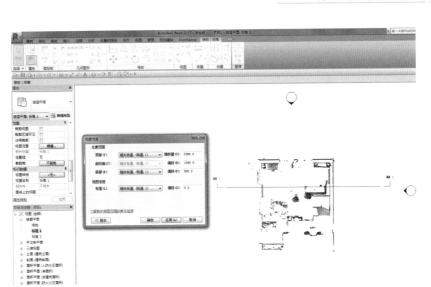

图 6-12　调整视图范围

（7）单击 PointSense，选择 Fit Wall，选择标高 1 及标高 2，然后单击 Start Wall Fitting 进行墙的拟合，如图 6-13 所示。也可以在墙内两点单击，软件会自动拟合。图 6-14 显示墙体拟合中。

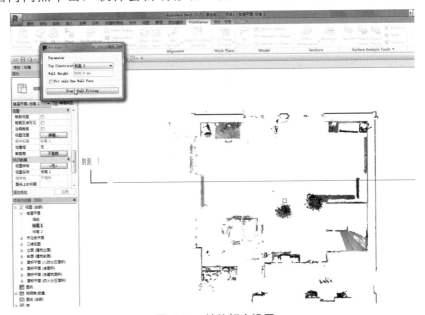

图 6-13　墙体拟合设置

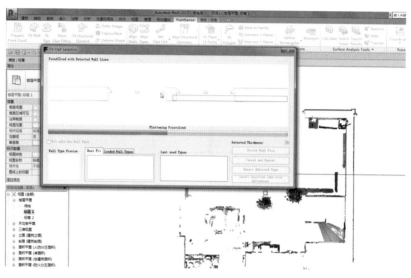

图 6-14　墙体拟合中

（8）拟合完成后的墙体如图 6-15 所示。选择墙体类型及厚度等，再单击 Insert Selected Type 按钮，插入选择的类型，如图 6-16 所示。

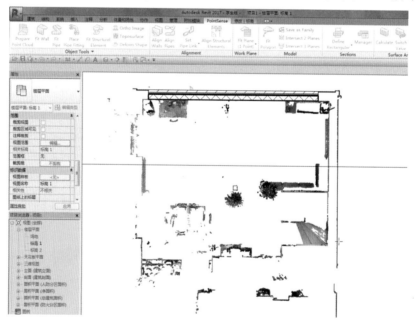

图 6-15　拟合完成后的墙体

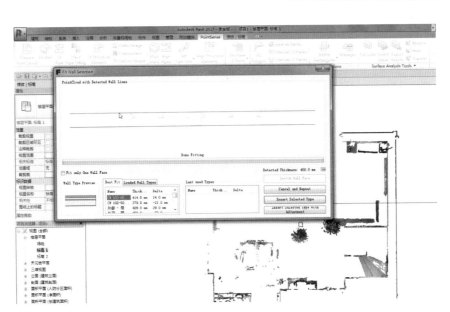

图 6-16 墙体类型设置

注意：对于一些只扫到部分墙面的墙体，如内墙面扫到了，可以通过单面墙体进行拟合，具体步骤如图 6-17～图 6-19 所示。

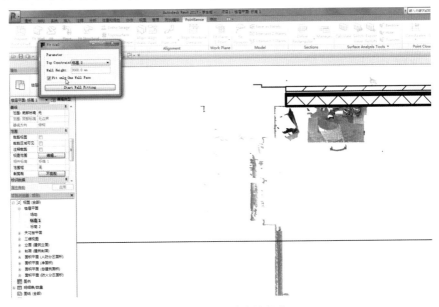

图 6-17 单面墙体的拟合

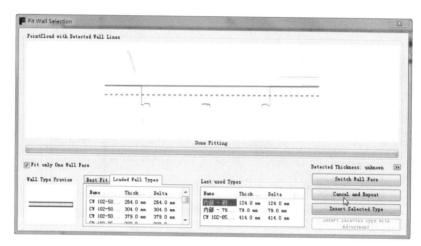

图 6-18　单面墙体拟合设置

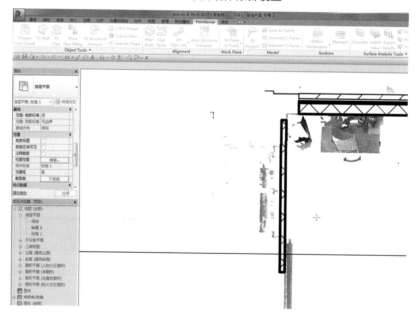

图 6-19　单面墙体拟合完成后效果

（9）拟合完成后切换到三维界面，单击 Hide or Show PC 来隐藏点云并显示墙体，可以看到拟合完成后的墙体，如图 6-20 所示。

（10）单击 Align Walls 按钮，在对话框中设置对齐搜索半径，进行墙体自动对齐，如图 6-21 所示。

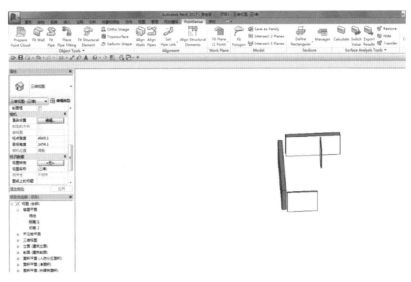

图 6-20　墙体拟合完成后效果

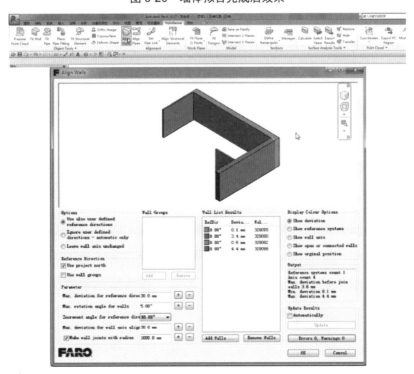

图 6-21　墙体自动对齐

（11）对所拟合墙体与点云模型的偏差进行计算，单击 Calculate
按钮，弹出 Select Faces 对话框，挑选要分析的墙面进行设置后单击
Select 按钮，弹出 Surface Analysis 对话框，设置网格尺寸及点云与墙
面的最大距离，单击 Calculate 按钮软件开始计算，如图 6-22 所示。

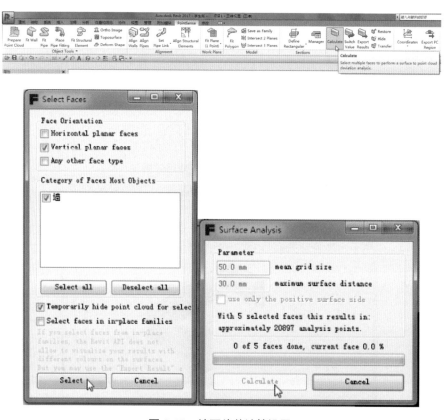

图 6-22　墙面偏差计算设置

（12）计算完成后，隐藏点云，通过色谱对比可以看出墙面的拟
合偏差，如图 6-23 所示。

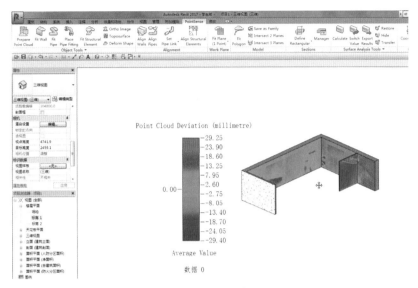

图 6-23　墙面拟合偏差显示

6.2.3　PointSense 门窗创建

（1）打开剖切框，设置剖切位置，调整好视角，可以看到室内的门窗，如图 6-24 所示。

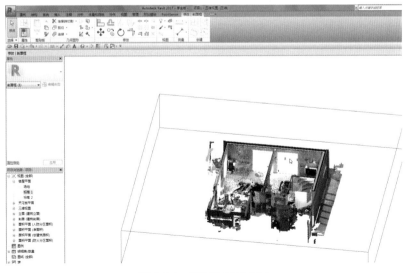

图 6-24　门窗位置的显示

（2）通过另外一个跟 PointSense 插件关联的插件在扫描仪数据里直接创建门窗及其他构件。先准备将 FARO 扫描数据转换成 VirtuSurv 项目，打开 VirtuSurv 软件，搜寻 PointSense Revit 的软件许可证并运行，如图 6-25 和图 6-26 所示。

图 6-25　搜寻 PointSense Revit 软件许可证

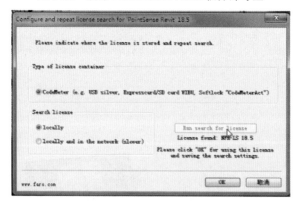

图 6-26　运行软件许可证

（3）将创建好的 VirtuSurv 项目在 VirtuSurv 中打开，进入软件界面，界面中可以看到 FARO 扫描站数及其视图选项，如图 6-27 和图 6-28 所示。

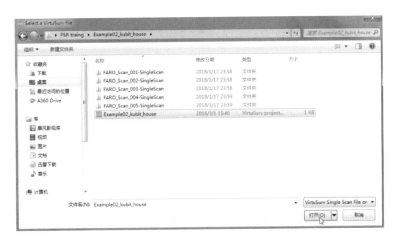

图 6-27 打开 VirtuSurv 项目

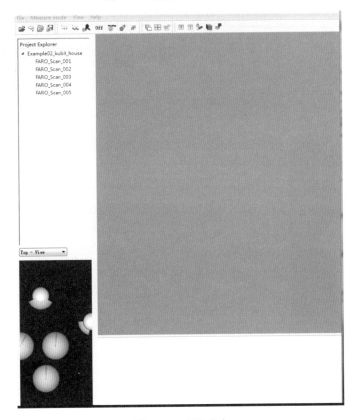

图 6-28 项目内容

（4）单击项目视图下的站点，观察每一站的视图预览，如图 6-29 所示。

图 6-29　各扫描站点视图预览

（5）单击右侧工具栏中的 Door 按钮，弹出 Door 对话框，如图 6-30 所示，根据视图预览选择 Type（这些 Type 必须是 Revit 族库

里现有的），选好创建点的选项，根据需要选取点的模式，在视图中
点选门框周围，即可在 Revit 中实时创建一个门，如图 6-31 所示。

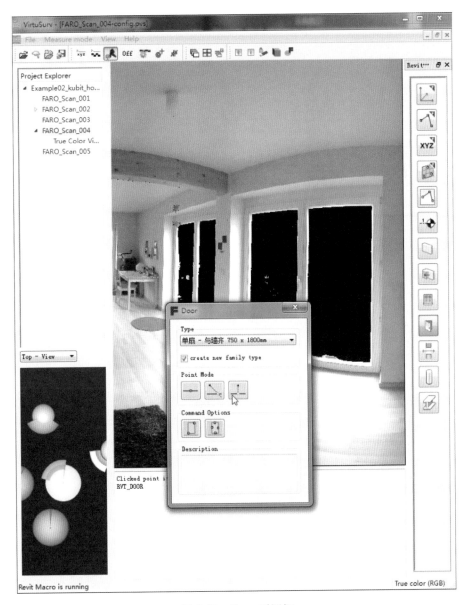

图 6-30　Door 对话框

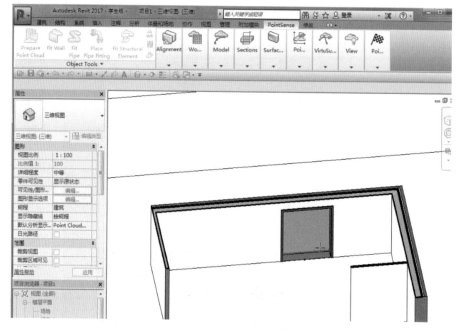

图 6-31　在 Revit 中实时创建一个门

6.2.4　PointSense 柱子（梁）拟合

（1）先单击右侧工具栏中的 Post 按钮，在弹出的对话框中选取柱子的 Level、Type、Point Mode 及 Command Options。对于如图 6-32所示的柱子，采用一面两点、另外垂直面一点的方法，完成后柱子实时发送到 Revit 软件中。其拟合完成后效果如图 6-33 所示。

（2）梁的拟合操作同柱子。

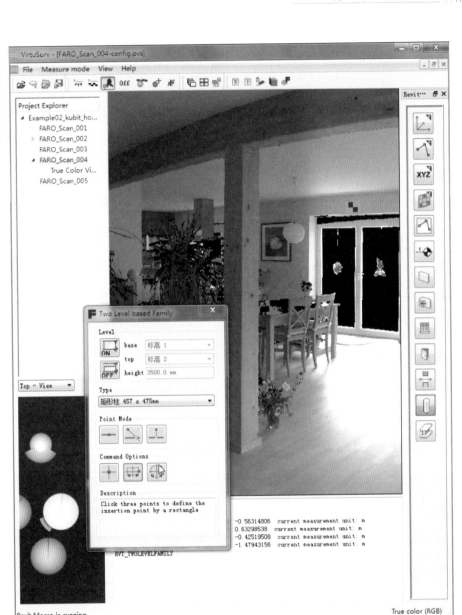

图 6-32　柱子拟合设置

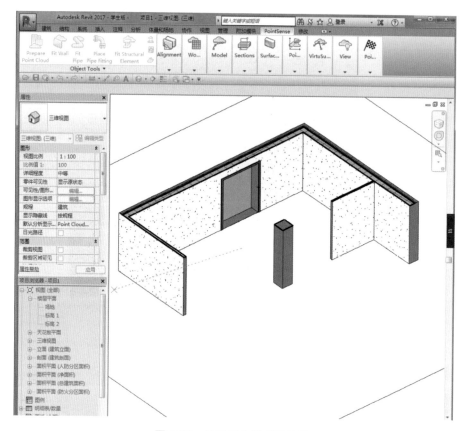

图 6-33　柱子拟合完成后效果

6.2.5　PointSense 管道拟合

（1）管道拟合的前提是 Revit 软件中具备相应的族库，先在 Revit 中插入扫描好的管道点云，如图 6-34 所示。

（2）隐藏视图中无关的内容，只显示管道点云，如图 6-35 所示。

（3）单击 PointSense 下的 Fit Pipe 按钮进行管道拟合，在弹出的对话框中设置 Associated Level 及 Piping System，如图 6-36 所示。

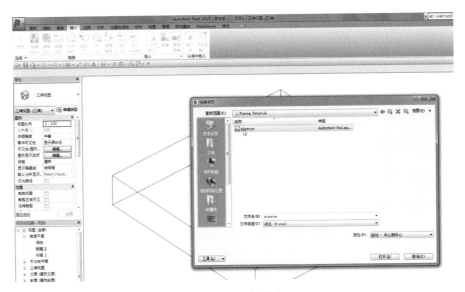

图 6-34　插入管道点云

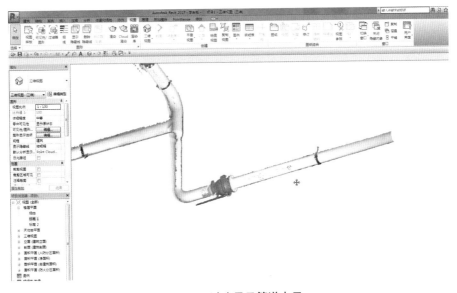

图 6-35　过滤显示管道点云

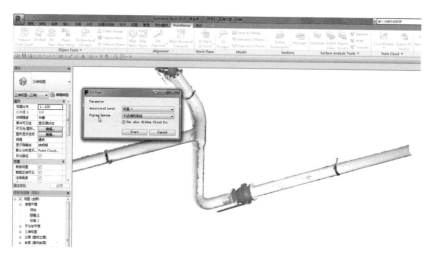

图 6-36　管道拟合设置

（4）在管道点云首尾位置单击两下，就会自动拟合出管道，对话框中选中的管道就是最佳选择。若不需要修改类型，则可直接单击默认选中的类型完成管道拟合；若需要修改类型，则单击选中的类型完成管道拟合，如图 6-37 所示。调整显示模式，即可看到拟合好的管道，如图 6-38 中黑色显示部分。直线段管道拟合完成后效果如图 6-39 所示。

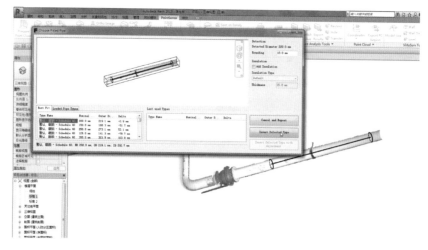

图 6-37　拟合后修改

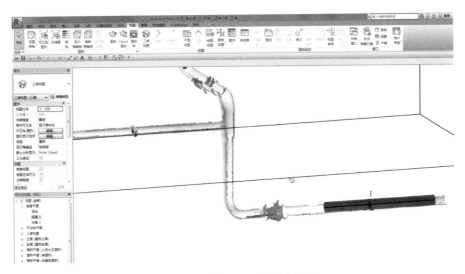

图 6-38　调整显示后的拟合管道

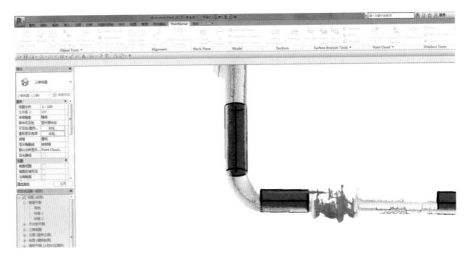

图 6-39　直线段管道拟合完成后效果

对于弯管的拟合，首先需要导入弯管的族库，在弯头两侧单击，软件会自动拟合出一组弯头，可以根据需要挑选，其拟合后调整及拟合完成后效果如图 6-40 和图 6-41 所示。

法兰连接头的拟合同弯管拟合。

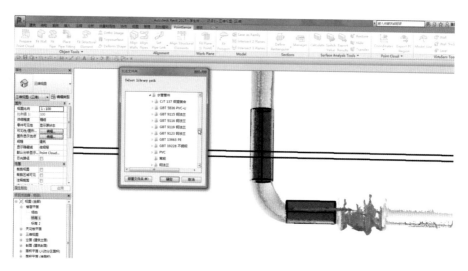

图 6-40　弯管拟合后调整

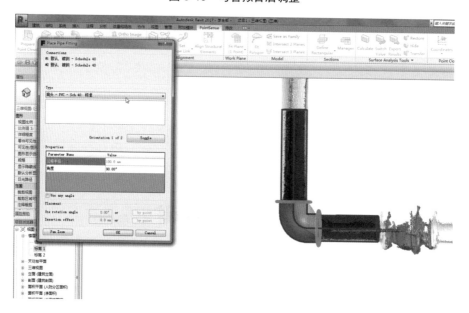

图 6-41　弯管拟合完成后效果

6.2.6　PointSense 型钢构件拟合

（1）型钢构件的拟合，同样需要导入型钢构件的族库，在软件中导入型钢构件的点云，如图 6-42 所示。单击 PointSense 下的 Fit Structural Element，在型钢构件的位置单击两下，软件会自动拟合型钢构件，如图 6-43 所示。可以按图 6-44 所示方法进行拟合后调整，拟合完成后效果如图 6-45 所示。

图 6-42　导入型钢构件的点云

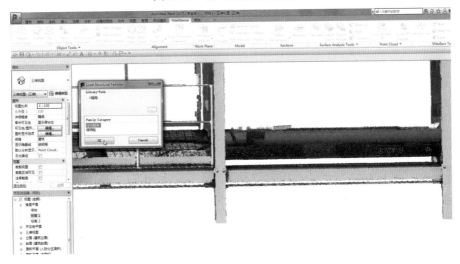

图 6-43　拟合型钢构件

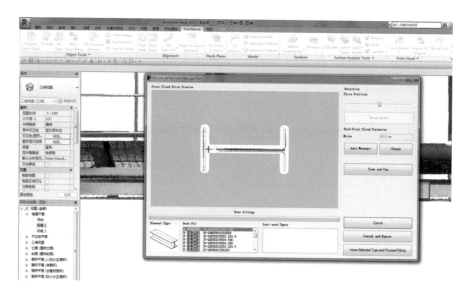

图 6-44　拟合后调整

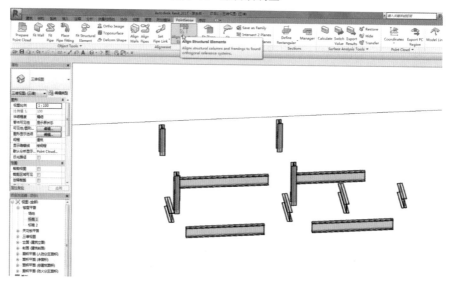

图 6-45　拟合完成后效果

（2）整个型钢拟合好后，可以应用 Align Structural Element 命令对齐所有的型钢，根据型钢距离调节范围，如图 6-46 所示。型钢对齐后的效果如图 6-47 所示。

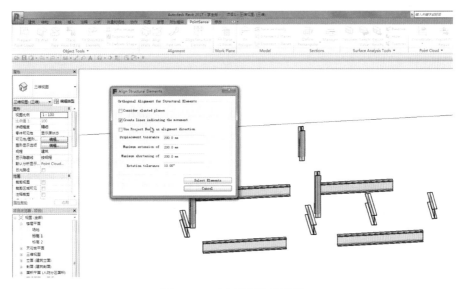

图 6-46　对齐型钢构件设置

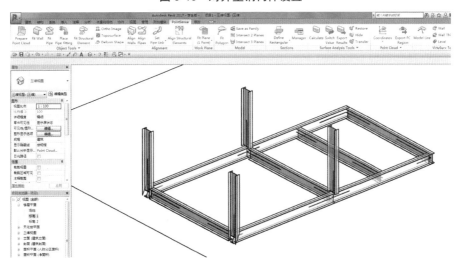

图 6-47　型钢对齐后的效果

第 7 章
数字模型应用

■ 建筑是在光线下对形式的恰当而宏伟的表现。

7.1 古建筑修复与重建

7.1.1 古建筑修复与重建的意义

中国古建筑反映了中国历史的辉煌，体现了过去中国在文化艺术和科学技术方面的伟大成就。古建筑承载了丰富的历史文化内涵，是一种文化精神的体现，从某种程度上来说它见证了一座城市千百年来的沧桑巨变，也是一座城市历史的印记。一旦古建筑遭到破坏，不仅会使我们失去一座城市的见证者，而且会对国家文化遗产造成不可弥补的损失。

当今时代，城市建设不仅要注重现代建筑的建造和创新，还应注重对古建筑的保护和修复。历经沧桑的古建筑因为具有独特的造型和风格以及丰富的历史文化内涵，在现代社会中受到人们的瞩目。岁月的摧残，使其中一些古建筑已破旧不堪。近年来，随着经济技术的发展和人们对文物保护的逐步重视，对古建筑的修复与重建也提到了一个新的高度，只有以尊重历史为前提，才能做到求新和发展。

维修古建筑的最终目的，就是让它一代一代传下去。从这种意义上来说，凡是能让古建筑得以保护的理论、办法、主张，都应当坚持。古建筑和其他一切历史文物一样，它的价值就在于它是历史遗留下来的，不可能再生产、再建造，一旦破坏就无法挽回。因此，在修复、重建工作中必须遵循文物保护的各项基本原则，主要有以下 3 点。

（1）修复和补缺的部分要跟原有部分形成整体，保持总体上的和谐一致，这样有助于恢复而不是降低它的艺术和信息价值。

（2）任何增添部分都必须和原来的部分有所区别，使人们能够区别哪些是当代修复的东西，哪些是过去的原迹，以保持古建筑的历史延续性和历史与艺术见证的真实性。

（3）不同历史时期内形成的建筑部分（包括建筑类型、建筑材料、结构方式等），都有其独特的历史特征，修复时，必须在保存现状的基础上尽力恢复原状。

7.1.2　古建筑重建的一般流程

中国传统的木构建筑是完全模数化、装配化的建筑，是事先按照模数制度、权衡尺度、榫卯结构将木构件制作出来，然后再到现场进行安装的。常见的木构建筑的重建过程主要包括以下几个方面。

1. 编号与建材监测

古建筑重建的目的是为了复原，使原有形状的木材或石材能够按照原来的顺序和位置整合，才能做到恢复和重建，这就要求我们在用三维激光扫描仪扫描前对古建筑的构件进行编号。

由于中国古建筑的结构均是木质的，木构建筑经风吹雨打后会比较疏松，甚至开始腐朽，需要不断地进行修葺，因此若不假思索地照搬欧洲对建筑内部进行改造的方式是行不通的。在以这种建筑组成的建筑群中，由于建筑一直发生着或巨大或轻微的变化，因此在古建筑重建的过程中要注意对建材的监测。

2. 三维激光扫描与建模

三维激光扫描获取点云数据，利用点云数据可以进行三维建模，为古建筑的重建工作提供数据支持。

（1）数据采集。

在进行三维激光扫描获取点云数据时，需要进行实地踏勘，以确定外业的测站数、扫描路线及标靶的摆放位置。一般需要多站扫描，以确保获取建筑表面的完整点云数据。

（2）三维模型重建。

对于不规则的建筑实体一般采用三角网格法进行建模，即基于点云构建大量不规则的三角网格，构建出建筑的结构特征；对于规则的建筑实体可采用特征线提取的方法进行建模，通过点云数据提取主要特征线，转化为建筑实体，来完成三维模型的重建。根据三维激光扫描时获取的颜色和纹理信息，可以更大程度地还原建筑的原貌，如图 7-1 所示。

图 7-1　古建筑三维激光扫描建模

简单来说，古建筑模型的建立是从 4 个方面切入的，分别是大木作、瓦石、小木作和彩画，以下进行简单介绍。

① 大木作：建筑的骨架，用以撑起建筑，包括柱子、梁架等，如图 7-2 所示。中国古建筑所谓的"墙倒屋不塌"就是依赖于大木作的支撑。要注意比例关系和不同构件之间的搭接关系。对于初学者来说，构件之间的比例关系是个难点。在对建筑实物建模的过程中，若比例关系没有把握好，可能会导致重建出来的模型没有古建筑那种和谐的美感。

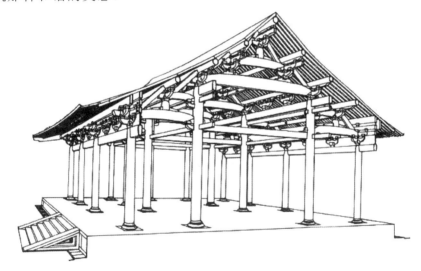

图 7-2 古建筑大木作

② 瓦石：建筑的填充，包括墙体、脊瓦等。瓦石的内容和细节很多，在一个模型中占据的比重也很大。

③ 小木作：建筑的细节使模型更加丰满，包括门窗等装修部分。

④ 彩画：对于模型有美化作用。

3."扎小样"

古建筑重建要"扎小样"。"扎小样"是在建造大型或复杂的木构建筑之前，先将该建筑按照一定比例缩小做成模型，如图 7-3 所示。这个模型除按比例缩小之外，其构造、做法、节点、榫卯、比例关系等均要与所建造的建筑完全一样。"扎小样"的目的是预先熟悉构造，演练技术，发现问题，攻克难关，为建筑的正式建造做技术准备。这是古建筑木作行业传承了千百年的规矩。

图 7-3   "扎小样"

4. 施工流程

对于需要重新制作的构件，应依据古建筑木工匠师掌握的权衡尺度、画线技术来确定榫卯结构的具体尺寸，再通过"扎小样"，在掌握了木构技术的前提下进行制作。制作流程为：大木作的制作→瓦石的填充→小木作的丰满→彩画的润色。其中大木作的制作自唐宋至明清大体相同，基本上可分为 5 个程序：画杖杆→制作构件→展拽→卓立、安勘→钉椽、结裹。

7.1.3   三维激光扫描的作用与操作方法

目前，古建筑保护正向着以数字化为代表的研究性、预防性保护方向发展，这就给古建筑信息的采集、处理、存储及展示应用等多方面提出了更高的需求。测绘作为在古建筑遗产保护方面的基础性工作，意义也更加重大。古建筑在修复方面的测绘通常用于重要古建筑的大修或迁建，属于古建筑修复工程中最高级别的测绘，其精度要求高，对于测绘的完整性也有很高的要求。

不同类型的三维激光扫描仪所适用的扫描距离和扫描精度是不同的。在实际操作过程中，可根据以下两个方面进行选择。

（1）分析建筑物的体量和复杂程度。就古建筑而言，根据扫描范围和体量的不同，将采集的扫描数据分为院落级数据、单体级数据、局部级数据三大类别，如图 7-4 所示。

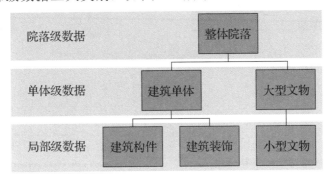

图 7-4　扫描对象分级

（2）从测绘的成果需求逆向推理。若最终的需求是图纸类成果，则根据不同类型的图纸分辨率推导出所需的测量精度，再根据采集到的点间距计算出出图比例，从而筛选出合适的三维激光扫描仪，选择标准如图 7-5 所示。

布站是数据采集中非常重要的一环，决定着数据采集的精度、效率及最终数据的质量，甚至影响到后期数据的处理与呈现。古建筑三维激光测站点的布设距离、密度应根据不同精度要求来确定。在古建筑测量布站时，为保证数据采集的全面性，针对戗脊夹角、梁枋内侧、斗栱等容易缺失数据的部分进行加站补充采集。

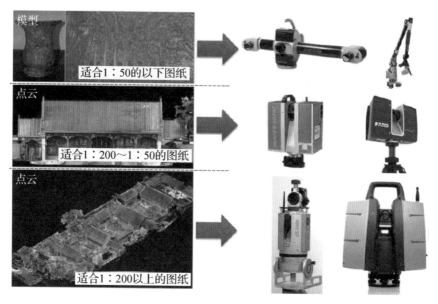

图 7-5　不同三维激光扫描仪的适用图纸比例

　　在古建筑测量布站时，还应合理考虑使用辅助设备，对辅助设备的布站也要进行设计。如图 7-6 所示，在故宫某古建筑布站时，由于建筑物体量比较大，因此在屋外一般采用三维激光扫描仪专用伸臂

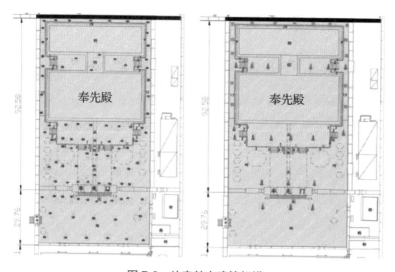

图 7-6　故宫某古建筑扫描

和升降柱。图中，红色圆形表示扫描重点站位布控，黄色正方形表示升降柱站位布控，绿色三角形表示三维激光扫描仪专用伸臂站位布控。

对于三维激光扫描得到的点云数据，最常见的应用就是用来建立三维模型，如图 7-7 和图 7-8 所示。现阶段三维模型在古建筑领域的应用主要有研究、展示、输出图纸等。

图 7-7　北顶娘娘庙剖立面拼接点云

图 7-8　北顶娘娘庙立体点云

在海量数据向优化模型转化的过程中，基于古建筑保护修复的需求，要最大限度地保持建筑构件的体量信息及形变信息，可以忽略部分如虫洞、雕刻等信息，因此在建模过程中，截面线就成了最常见的从数据中获取关键信息的工具。

现阶段几乎所有主流点云处理平台都具有点云截面创建线条的

功能，可以通过设定截面位置及截取方法，快速获得截面线。但是截面功能对于点云密度和点间距有较高的要求，这种截面线建模的方法仅适用于取样特征点范围较大，点云较为完整、密集的区域。截面线可以导入 CAD、3ds Max、Maya 等建模平台，并利用其尺寸信息建模，如图 7-9 和图 7-10 所示。要想完成完整的建筑模型，需要对点云进行大量截面线的创建，并对其进行装饰美化，工作较为烦琐。

图 7-9　利用 3ds Max 对点云进行截取并建立线段

图 7-10　在建模基础上进行照片贴图

点云数据由于其高精度和信息全面的特性，可以用来进行 BIM 参数的辅助工作。虽然族的建立和 Revit 创建需要大量的人工参与，但由于整合了点云数据，在关键点的捕捉及截面线的创建上有了足够的精度保障。在 BIM 建模时，可以通过选定的基础参数尺寸建立构件，然后通过调整标准构件的参数，使构件在实景中快速搭建，如图 7-11 所示。

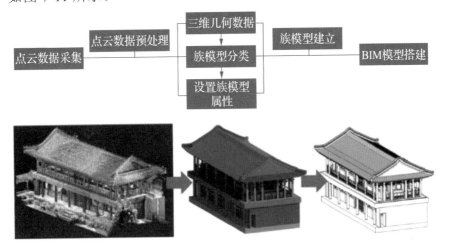

图 7-11　基于点云的古建筑 BIM 模型建立过程

7.1.4　古建筑重建案例

为了探讨古建筑重建的可能性，我们对目前国内外已有的大量重建案例进行了研究和梳理，并对相关研究成果进行了整理归纳。通过这些工作，我们发现古建筑重建大致可以分为保护、展示、研究 3 种类型。其中基于保护而进行的重建活动，其主要的保护对象有 3 个方面：一是对文物本体的保护，二是对文化本身的保护，三是对文化传承的保护。

（1）对文物本体的保护。这类古建筑保存有大量的建筑构件，且有详细的测绘、建造图纸，或保存了充分的文献、影像资料，因此对这类古建筑的重建主要是为了改善建筑群的完整性。对建筑群中少量缺失的建筑进行重建，可以看作是对一个更大范畴的保护对象的局部缺失部分进行修补。典型案例有丽江地震后、"5.12"汶川大地震后和尼泊尔地震后对文物建筑的恢复重建，巴米扬大佛、雷峰塔的重建工作，以及叙利亚正在进行的战后古城恢复工作。其中，重建后的雷峰塔如图 7-12 所示。

图 7-12　重建后的雷峰塔

（2）对文化本身的保护。这一类型最典型的案例就是波兰的华沙历史中心重建，另外还有韩国景福宫的重建，以及我国著名的四大名楼（黄鹤楼、岳阳楼、滕王阁、鹳雀楼）的重建，等等。这种重建的建筑一般对于所在的国家或地区有着重要的历史意义和价值，有助于增强当地人民在民族、地区、家乡身份和情感等方面的认同。重建后的韩国景福宫如图 7-13 所示。

（3）对文化传承的保护。这一类型最有代表性的案例是日本奈良平成宫朱雀门和大极殿的重建。通过数十年的研究，日本严格按照相同材料、相同工艺重建了这两处建筑，其中朱雀门的重建更为

严格地遵照原有建筑形态和做法，重建后的日本奈良平成宫朱雀门
如图 7-14 所示；而大极殿则在屋顶天花部分的彩绘、门窗的重建中
使用了一些当代元素。

图 7-13　重建后的韩国景福宫

图 7-14　重建后的日本奈良平成宫朱雀门

7.2 影视场景应用

　　三维模型在影视拍摄中的应用十分广泛，最主要的原因是三维模型能大幅度节省拍摄成本，同时能呈现原本不存在的场景。现在许多电影、电视剧甚至纪录片中都大量采用绿幕拍摄（图 7-15）加数字模型的技术，不仅节约成本，而且效果十分逼真（图 7-16）；此外，外景拍摄受到天气、人流等众多因素制约，而室内绿幕拍摄可以控制这些因素，拍摄效率也会大幅提高。

　　利用三维模型作为背景，可以保留建筑物或构筑物的原始信息，还可以通过 C4D 等三维软件增加新的装饰或家具，即便在原物体被毁坏的情况下也能拍摄出古建筑背景的影视作品。下面简单介绍利用绿幕拍摄加数字模型制作视频的过程。

图 7-15　绿幕拍摄场景

图 7-16　影视合成场景

7.2.1　绿幕场景的布置

目前抠像用的背景，以绿色和蓝色居多。绿色和蓝色分别是黄色和红色的对比色，使用绿色和蓝色的主要原因是人类皮肤不包含任何绿色和蓝色信息，因此使用绿幕（绿色背景）或蓝幕（蓝色背景）在抠像时不用担心擦除掉皮肤的颜色。绿幕和蓝幕的选择主要是根据场景中的物体和服装来决定的。如果演员穿着的是蓝色牛仔裤，那么就可以采用绿幕。

绿幕拍摄中我们最终要获取的是运动的人物、动物等现实影像，为了与虚拟场景匹配，在绿幕场景设计中也要根据虚拟场景的设置做一些简单的布置，例如简单台阶、凳子等物件应与模型中对应物件的高低相似，以保证后期处理的真实感，如图 7-17 所示。

绿幕拍摄通常不需要很复杂的灯光设计，拍摄出来的场景中的绿色一般都比较清楚，噪点很容易处理。但是，由于绿色这种比较亮的特性，有时也会造成渗色，使绿色反射到场景中的物件和演员身上。对于后期抠像来说，这样的反射在处理时十分麻烦。针对这个问题，在拍摄时，通常会让演员距离拍摄的背景（绿幕）远一些。

图 7-17　绿幕拍摄场地

　　针对绿色比较亮这种特性，绿幕更适合拍摄白天的场景，而且即使有些绿色很难擦掉，也比较容易融入白天的场景中，但对于夜间场景绿色就很难融入进去了。蓝色要求的光线是绿色的两倍，基于这种特性，蓝幕的渗色就很少。一般来说，蓝幕更适合拍摄夜间场景，如图 7-18 所示。

图 7-18　蓝幕拍摄场地

7.2.2　摄像机位置的确定

要在视频中真实呈现人物在环境中的运动，关键是要将真实拍摄中的摄像机位置和模型动画中的摄像机位置相对应。一般在影视拍摄中导演和摄影师会根据剧本来确定摄像机的位置和运动轨迹。如果是实景拍摄，摄像机的位置和运动轨迹一般根据导演的现场发挥来布置，也就是说摄像机的实时位置没有精确坐标值，这样的好处是拍摄的作品更能体现导演的创意，而不必苛求拍摄位置的精确值，同时也有利于提高拍摄效率。在绿幕拍摄时，常常在绿幕上布置颜色与绿幕接近的十字交叉标记（图 7-19），其目的是通过这些标记让后期软件计算摄像机的位置，从而获得拍摄时的摄像机位置信息，以便与动画场景进行匹配。这种方法操作简单，但计算误差较大，有时计算信息不足容易产生较大误差，造成画面不真实感。

图 7-19　现场设置标志（为后期摄像机跟踪服务）

另一种拍摄方法就是精确确定摄像机的坐标位置，然后在数字模型中按照拍摄时的摄像机坐标位置设置摄像机轨迹，这样就保证了现实世界被拍物体和虚拟世界场景的一致性。

7.2.3　灯光的处理

灯光是影像真实性的重要保证，同样需要保持现实世界和虚拟世界的一致性。灯光有 3 个要素：光源、光照方向和阴影。

设置好光源和光照方向可以实现在数字模型中模仿现实世界：光源要注意是平行光源还是点光源，以及光源的色温；光照方向直接关系到叠合后的效果，所以拍摄时光源位置和光照方向要测量记录，以便在模型设置中使用。

阴影是由遮挡物产生的，遮挡物也必须在绿幕现场设置，但阴影很难在后期软件处理中达到很好的效果，因此阴影和前面两个因素不同，必须按照模型来设置。例如模型中有柱子产生的阴影，那么必须在绿幕现场设置条形柱，如图 7-20 和图 7-21 所示；模型中有桌子产生的阴影，那么必须在现场设置形状相似的桌子。当然这些柱子和桌子没有必要像模型中那样精细，只要得到大致的阴影就可以了。

图 7-20　模型中柱子产生的阴影

图 7-21　拍摄现场设置的条形柱阴影

7.2.4　绿幕抠像方法

　　绿幕抠像属于软件使用的范畴，不是本书要阐述的重点，这里仅做简单说明。抠像的原理是选定拍摄画面的某一颜色，将其从画面清除掉，使之成为透明区域，即形成透明 Alpha 通道，然后再和其他背景画面叠加。

　　绿幕抠像后期处理软件很多，主流的影视后期软件 PR、AE、达芬奇等都具备抠像功能，此外还有大量第三方插件。在这些软件中进行绿幕抠像的主要方法是一样的，第一步是去掉绿色，这一步需要反复调节才能取得较好的效果，如果第一步中人物动态变化比较大，或者调节困难，则第二步要用动态蒙版把人物勾勒出来，把难以形成 Alpha 通道部分去掉，有时候需要多个蒙版才能取得比较完美的效果。

　　这里以 AE 中自带的 Keylight 为例简单说明绿幕抠像的要点。Keylight 菜单如图 7-22 所示，其功能可以分为两大部分：颜色拾取部分和细微调整部分。首先需要拾取颜色，由于幕布皱褶等因素，

背景色彩往往不是一致的，因此可以尽量拾取角色周围的颜色。用
Screen Colour 可以拾取抠除颜色（即需要变为透明的颜色），为了取
得更好的效果，可以按下 Alt 键动态观察抠像后的 Alpha 通道效果（观
看 Alpha 通道可以在 View 下拉菜单中选择 Status 选项）。理想效果
是在 Alpha 通道下角色要全白，周围要纯黑。但一般情况下，由于
各种色彩影响，角色很可能是半透明而不是纯白的，在图像合成时
会透露出背景，因此下一步要调节相关参数。

图 7-22 Keylight 菜单

参数调节可以在 Screen Gain 和 Screen Matte 中进行。调节 Screen
Gain，相当于调节 Alpha 通道中的对比度，也就是让白的更白，黑的
更黑，这个参数只能适量调节，过度调节会造成相反的效果。Screen
Matte 是调节 Alpha 通道的重要参数，它又包含 4 个参数：①Clip
Black，它用于确定黑色包容色彩范围，提高其值可以消隐一些接近
黑色的部分；②Clip White，它用于确定白色占据色彩范围，降低其
值可以让白色部分更白；③Screen Shrink/Grow，收缩和扩边的参数；

④Screen Softness，边缘羽化工具。其中 Screen Shrink/Grow 和 Screen Softness 都是用来处理抠像边缘过渡问题的参数。

为了让抠像边缘部分不出现描边，除了调节 Screen Shrink/Grow 和 Screen Softness 两个参数外，还可以用一个效果器——抠像清除器来处理，抠像清除器有一个重要参数——其他边缘半径，可以用来调节过渡像素。另外，为了去除绿幕渗色在抠像角色上的绿色，可以使用另外一个效果器——高级溢出抑制器。

还要补充的一点是，在视频抠像中为了减少周边影响，可以用 Mask 遮罩把角色部分抠取出来，这样可以减少抠像区域，只需调节较少参数就能达到较好的效果。同时由于抠像角色在运动，因此我们需要把 Mask 范围在时间轴上调出关键点，防止角色跑出 Mask 范围。

最后，如果画面角色色彩复杂，单一 Mask 范围无法将画面抠干净，可以将角色按相近的色彩分为几部分，分别抠像再叠加处理。

7.2.5　数字模型的设置

数字模型就是通过三维扫描和倾斜摄影得到的成果。在影视制作前期，还必须对这些模型做一定的处理，其主要目的是增加模型的真实感，特别是在建筑物的内部还需要有一些精雕细琢的装饰和精心布置的家具，而这些装饰和家具要根据剧本的要求来设置，因此从前期的模型到影视制作的使用，还有很多工作要做。

这里要注意的是，哪些物体采用现实物体，哪些物体采用模型来表现是要经过评估的。一般来说，硬物体宜采用模型，而软物体宜采用现实物体。当然现实世界容易准备的道具尽量使用现实物体，没有的则只能软件制作了。

7.3　无人机倾斜摄影在国土资源管理中的应用

随着国土资源管理信息化技术的迅速发展及其在地籍测量、土地利用变更调查监测与核查、地质灾害监测等方面的应用深化，国土资源管理对信息数据采集及更新的技术要求也有了进一步提高。与传统的数据采集及更新方式相比，无人机倾斜摄影系统拥有低成本、高效率，快速及时获取高分辨率、大比例尺影像的优势，可作为传统数据采集及更新方式的有效补充，满足信息化技术发展的需求。无人机倾斜摄影在国土资源管理中有非常大的潜力，广泛用于地籍测量、全国土地利用变更调查监测与核查、地质灾害监测等领域，具有广阔的发展前景。

下面主要介绍无人机倾斜摄影在地籍测量中的应用及案例。

7.3.1 无人机倾斜摄影在地籍测量中的应用

地籍测量是土地管理工作的重要基础。它以地籍调查为依据，以测量技术为手段，从控制到碎部，可以精确测出各类土地的位置与大小、境界、权属界址点的坐标与宗地面积，并绘制地籍图，以满足土地管理部门及其他国民经济建设部门的需要。目前很多地方开展了农村地籍调查的工作，其中外业测量及调查工作是重要的一环。传统的作业方法需要大量的外业测绘人员深入现场长时间操作，且成本高、工作强度大、操作工序复杂、耗费工时，所以急切需要新的作业方法和更先进的测绘技术来提高作业效率并减少外业测量的工作量。近期快速发展的无人机倾斜摄影测量技术可有针对性地解决该问题，并且经实践取得了较好的应用效果，相比传统调查方式其效率大大提高。

7.3.2 无人机倾斜摄影地籍测量案例

无人机倾斜摄影是利用无人机搭载相机，快速起飞，按测区进行航线自动飞行，获取稳定、高清的原始数码影像，以及照片拍摄点的空间位置、姿态信息，结合相机畸变参数，通过专业的航测影像处理系统方便快速地做好外业数据质检、预处理、空三加密等工作，最终生产出高精度的数字线划图。下面以××项目为例，介绍无人机倾斜摄影在地籍测量中的主要工作。

（1）首先要确定测区位置和范围大小，用地面站下载测区的谷歌地图，寻找测区附近是否有敏感目标，例如民用机场、军事基地、油库、重大项目基地、边境等，了解所需要的比例尺大小，考虑本次任务能否达到要求。××项目的比例尺为 1∶1000，以此确定飞行高度和重叠度。××项目作业区域如图 7-23 所示。

图 7-23　××项目作业区域

（2）确定无人机航测的气象条件。良好的气象条件是进行无人机航测的前提，确定天气状况、云层分布情况适合航测后，带上无人机、计算机等相关设备赶赴航测起飞点。航测起飞点要求现场比较平坦，无电线、高层建筑等，通常要事先进行考察，并测定现场风速及温度情况。

（3）组装无人机，连接计算机和电台，然后架设基站，最后根据测区地图进行航线规划（图7-24），并联机测试地图的准确性。

（4）填写航测飞行作业日志，记录当天的风速、天气、起降坐标等信息，留备用于日后数据参考和分析总结。

（5）起飞前要检查进行航测的相机与飞行控制系统是否连接，是否与风向平行，现场是否无人员、车辆走动等。一切就绪后按步骤启动无人机，观察现场状况，根据需要随时手动调整无人机姿态及飞行高度。

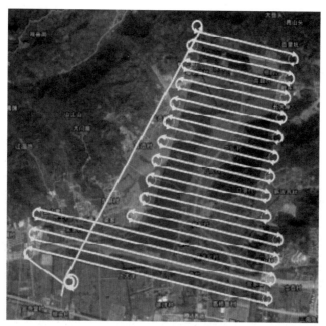

图 7-24　××项目航线规划

（6）实时监测航测飞行过程，主要包括以下3点。

① 对航高、航速、飞行轨迹进行监测。

② 对发动机转速和空速、地速进行监控。

③ 随时检查照片拍摄数量。

（7）航测飞行结束，无人机定点自动降落，若在降落现场突发大风或出现人员走动等情况，应及时调整降落地点。

（8）回收无人机后，进行原始航测照片和 POS 数据的传输，如图 7-25 和图 7-26 所示。传输结束后对数据进行检查，确定照片数量与 POS 数据无误。

图 7-25 ××项目原始航测照片传输

文件(F)	编辑(E)	格式(O)	查看(V)	帮助(H)
p1	3168719.686	484463.773	5.659	
p2	3168649.488	484072.055	4.77	
p3	3168742.825	483480.396	3.76	
p4	3167781.177	483630.599	4.307	
p5	3168155.877	484063.194	6.689	
p6	3167240.191	483428.529	4.532	
p7	3166429.641	483230.233	4.31	
p8	3166049.941	484243.966	3.886	
p9	3166738.596	483999.675	3.565	
p10	3165895.148	483385.823	3.632	

图 7-26 ××项目 POS 数据传输

（9）对测区进行合理像控点布设，采集像控点的坐标信息，并在图上用刺点标注像控点的大致位置，如图 7-27 所示。

图 7-27 ××项目像控点刺点分布

（10）进行实景三维建模处理。利用 ContextCapture 等专业软件对倾斜摄影采集的数据进行处理，自动生成实景三维模型，如图 7-28 所示。利用清华山维 EPS 或者南方 iData 等软件在三维模型上勾画出数字划线图，如图 7-29 所示。

图 7-28 ××项目实景三维模型

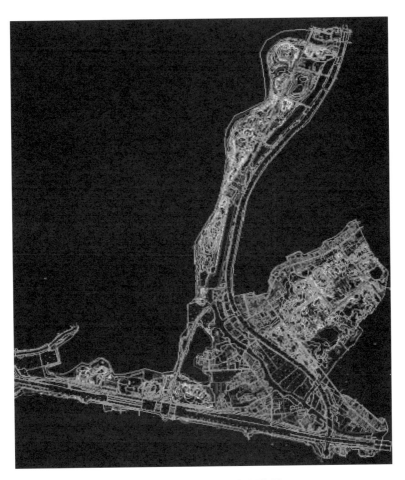

图 7-29 ××项目数字划线图

参 考 文 献

陈杰, 高诚辉, 何炳蔚, 2011. 三角网格曲面孔洞修补算法[J]. 计算机集成制造系统, 17(8): 1821-1826.

陈相, 童小华, 2013. 基于三角格网的点云空洞修补算法及精度研究[J]. 测绘通报(4): 1-3.

程小龙, 程效军, 张培培, 2013. 基于 AutoLISP 的三维模型快速建立与精度分析[J]. 工程勘察, 41(10): 66-69.

丁巍, 2009. 浅述地面三维激光扫描技术及其点云误差分析[J]. 工程勘察(S2): 447-452.

方璇, 钟伯成, 2015. 四旋翼飞行器的研究与应用[J]. 上海工程技术大学学报, 29(2): 113-118.

桂德竹, 林宗坚, 张成成, 2012. 倾斜航空影像的城市建筑物三维模型构建研究[J]. 测绘科学, 37(4): 140-142.

何桂珍, 2014. 基于特征数据分块自适应切片的空洞修补[J]. 华东交通大学学报, 31(4): 95-99.

何学铭, 2013. 点云模型的孔洞修补技术研究[D]. 南京: 南京师范大学.

蒋刚, 2009. 基于 SVM 和空间投影的点云空洞修补方法[J]. 计算机工程, 35(22): 269-271.

李安福, 曾政祥, 吴晓明, 2014. 浅析国内倾斜摄影技术的发展[J]. 测绘与空间地理信息, 37(9): 57-59+62.

李必军, 方志祥, 任娟, 2003. 从激光扫描数据中进行建筑物特征提取研究[J]. 武汉大学学报(信息科学版), 28(1): 65-70.

李亮, 王成, 李世华, 等, 2016. 基于机载 LiDAR 数据的建筑屋顶点云提取方法[J]. 中国科学院大学学报, 35(4): 537-541.

李伟, 刘正坤, 2011. 地面三维激光扫描技术用于道路平整度检测研究[J]. 北京测绘(3): 24-27.

李长春, 薛华柱, 徐克科, 2008. 三维激光扫描在建筑物模型构建中的研究与实现[J]. 河南理工大学学报(自然科学版)(2): 193-199.

李镇洲, 张学之, 2012. 基于倾斜摄影测量技术快速建立城市 3 维模型研究[J]. 测绘与空间地理信息, 35(4): 117-119.

刘春, 张蕴灵, 吴杭彬, 2009. 地面三维激光扫描仪的检校与精度评估[J]. 工程勘察, 37(11): 56-60+66.

刘浩, 张冬阳, 冯健, 2012. 地面三维激光扫描仪数据的误差分析[J]. 水利与建筑工程学报, 10(4): 38-41.

刘俊, 2007. 逆向工程中点云修补与曲面反求的研究[D]. 武汉: 华中科技大学.

刘洋, 2016. 无人机倾斜摄影测量影像处理与三维建模的研究[D]. 抚州: 东华理工大学.

刘洋, 祁琼, 2014. 无人机航摄技术在国土资源领域的应用[J]. 地理空间信息, 12(1): 29-30+39+8-9.

罗德安, 朱光, 陆立, 等, 2005. 基于三维激光影像扫描技术的整体变形监测[J]. 测绘通报(7): 40-42.

马立广, 2005. 地面三维激光扫描测量技术研究[D]. 武汉: 武汉大学.

马利, 谢孔振, 白文斌, 等. 地面三维激光扫描技术在道路工程测绘中的应用[J]. 北京测绘(2): 48-51.

毛方儒, 王磊, 2005. 三维激光扫描测量技术[J]. 宇航计测技术(2): 1-6.

聂博文, 马宏绪, 王剑, 等, 2007. 微小型四旋翼飞行器的研究现状与关键技术[J]. 电光与控制(6): 113-117.

欧斌, 2014. 地面三维激光扫描技术外业数据采集方法研究[J]. 测绘与空间地理信息, 37(1): 106-108+112.

钱归平, 2008. 散乱点云网格重建及修补研究[D]. 杭州: 浙江大学.

宋宜容, 严康文, 2015. 基于 GoogleEarth 的三维数字浏览系统的设计与实现[J]. 湖北大学学报(自然科学版), 37(2): 107-111.

谭金石, 黄正忠, 2015. 基于倾斜摄影测量技术的实景三维建模及精度评估[J]. 现代测绘, 38(5): 21-24.

谭仁春, 李鹏鹏, 文琳, 等, 2016. 无人机倾斜摄影的城市三维建模方法优化[J]. 测绘通报(11): 39-42.

唐均, 2016. 三维激光扫描技术在桥梁监测中的应用[J]. 矿山测绘, 44(4): 53-55.

田云峰, 祝连波, 2014. 基于三维激光扫描和 BIM 模型在桥梁施工阶段质量管理中的研究[J]. 建筑设计管理, 31(8): 87-90.

王建奇, 2012. 大规模点云模型拼接与融合技术研究[D]. 浙江: 浙江工业大学.

王勋, 2015. 基于三维激光扫描的桥面变形检测技术应用研究[D]. 重庆: 重庆交通大学.

吴岩冰, 2009. 基于支持向量机的点云数据修补[D]. 郑州: 郑州大学.

谢宏全, 侯坤, 2013. 地面三维激光扫描技术与工程应用[M]. 武汉: 武汉大学出版社.

徐进军, 余明辉, 郑炎兵, 2008. 地面三维激光扫描仪应用综述[J]. 工程勘察(12): 31-34.

杨蕾, 2009. 一种高效的支持向量回归三维点云修补算法[J]. 计算机应用研究, 26(10): 3945-3947+3959.

杨国东, 王民水, 2016. 倾斜摄影测量技术应用及展望[J]. 测绘与空间地理信息, 39(1): 13-15+18.

于海霞, 2014. 基于地面三维激光扫描测量技术的复杂建筑物建模研究[D]. 徐州: 中国矿业大学.

臧春雨, 2006. 三维激光扫描技术在文保研究中的应用[J]. 建筑学报(12): 54-56.

张爱武, 孙卫东, 李凤婷, 2005. 基于激光扫描数据的室外场景表面重建方法[J]. 系统仿真学报, 32(4): 290-292.

张舒, 吴侃, 王响雷, 等, 2008. 三维激光扫描技术在沉陷监测中应用问题探讨[J]. 煤炭科学技术(11): 92-95.

张维强, 2014. 地面三维激光扫描技术及其在古建筑测绘中的应用研究[D]. 西安: 长安大学.

赵煦, 周克勤, 闫利, 等, 2008. 基于激光点云的大型文物景观三维重建方法[J]. 武汉大学学报(信息科学版), 33(7): 684-687.

周园, 孟晶晶, 2016. GPS-RTK 技术在地质勘探工程测量工作中的应用[J]. 世界有色金属(13): 184-186.

朱生涛, 2013. 地面三维激光扫描技术在地形形变监测中的应用研究[D]. 西安: 长学大学.

AXELSSON P, 2000. DEM generation from laser scanner data using adaptive TIN models[J]. International Archives of Photogrammetry and Remote Sensing, 33: 111-118.

BALTSAVIAS E P, 1999a. A comparison between photogrammetry and laser scanning[J]. ISPRS Journal of Photogrammetry and Remote Sensing, 54(2-3): 83-94.

BALTSAVIAS E P, 1999b. Airborne laser scanning: basic relations and formulas[J]. ISPRS Journal of Photogrammetry and Remote Sensing, 54(2-3): 199-214.

DU S, ZHANG Y, ZOU Z, et al, 2017. Automatic building extrac-tion from Li DAR data fusion of point and grid-based features[J]. ISPRS Journal of Photogrammetry and Remote Sensing, 130: 294-307.

EL-HAKIM S F, BRENNER C, ROTH G, 1998. A multi-sensor approach to creating accurate virtual environments[J]. ISPRS Journal of Photogrammetry and Remote Sensing, 53(6): 379-391.

GIKAS V, 2012. Three-dimensional laser scanning for geometry documentation and construction management of highway tunnels during excavation[J]. Sensors(Basel), 12(8): 11249-11270.

GÖBEL W, KAMPA B M, HELMCHEN F, 2007. Imaging cellular network dynamics in three dimensions using fast 3D laser scanning[J]. Nature Methods, 4(1): 73-79.

Hu Y, 2003. Automated extraction of digital terrain models, roads and buildings using airborne lidar data[D]. Calgary: The University of Calgary.

KERSTEN T, STERNBERG H, STIEMER E, 2005. First experiences with terrestrial laser seanning for indoor cultural heritage applications using two different scanning systems[C]. Berlin: Proceedings of the ISPRS working group V/5 Panoramic Photogrammetry Workshop.

KRAUS K, PFEIFER N, 1998. Determination of terrain models in wooded areas with airborne laser scanner data[J]. ISPRS Journal of Photogrammetry and Remote Sensing, 53(4): 193-203.

LEVOY M, PULLI K, CURLESS B, et al, 2000. The digital Michelangelo project: 3D scanning of large statues[C]. New York: The 27th International Conference on Computer Graphics and Interact.

LOVELL J L, JUPP D L, CULVENOR D S, et al, 2003. Using airborne and ground-based ranging lidar to measure canopy structure in Australian forests[J]. Canadian Journal of Remote Sensing, 29(5): 607-622.

NARDINOCCHI C, FORLANI G, ZINGARETTI P, 2003. Classification and filtering of laser data[C]. Proceedings of the ISPRS working group III/3 workshop '3-D Reconstruction from Airborne Laser Scanner and In SAR Data'. Dresden: Maas H G, Vosselman G, Streilein A.

PAGOUNIS V, TSAKIRI M, PALASKA S, et al, 2006. 3D laser scanning for road safety and accident reconstruction[C]. Munich: Shaping the Change XXIII FIG Congress.

ROBERTS G, BADDLEY M, 2007. Deformation monitoring trials using a leica HDS 3000[J]. Strategic Integration of Surveying Services FIG Working Week(5): 13-17.

SAMPATH A, SHAN J, 2010. Segmentationvand Reconstructio of Polyhedral Building Roofs From Aerial Lidar Point Clouds[J]. IEEE Transactions on Geoscience and Remote Sensing, 48(3): 1554-1567.

SEITZ S M, CURLESS B, DIEBEL J, et al, 2006. A comparison and evaluation of multi-view stereo reconstruction algorithms[C]. New York: IEEE Conference on Computer Vision and Pattern Recognition.

SITHOLE G, 2011. Filtering of laser altimetry data using slope adaptive filter[J]. International Archives of Photogrammetry and Remote Sensing, 34: 203-210.

SNAVELY N, SEITZ S M, SZELISKI R, 2006. Photo Tourism: Exploring Photo Collections in 3D[J]. ACM Transactions on Graphics, 25(3): 835-846.

STAMOS I, ALLEN P K, 2002. Geometry and texture recovery of scenes of large scale[J]. Computer Vision and Image Understanding, 88(2): 94-118.

VOSSELMAN G, 2000. Slope based filtering of laser altimetry data[J]. International Archives of Photogrammetry and Remote Sensing, 33: 958-964.

WANG J, LINDENBERGH R, MENENTI M, 2017. Sig Vox-A 3D featurematching algorithm for automatic street object recognitionin mobile laser scanning point clouds[J]. ISPRS Journal of Photogrammetry and Remote Sensing, 128: 111-129.

WONG A, ALAN K L, KWONG, et al, 2007. Monitoring slope failure at Kadoorie Agricultural Research Centre with a 3D laser scanner[J]. International Federation of Surveyors(5): 13-17.

WOO H, KANG E, WANG S, et al, 2002. A new segmentation method for point cloud data[J]. International Journal of Machine Tools and Manufacture, 42(2): 167-178.